知りたい！サイエンス

検証！首都直下地震

巨大地震は避けられない？最新想定と活断層

編集工房SUPER NOVA＝編著
木村政昭＝監修

東北大震災以降、
各地域で起こりうる**地震**が
詳しく検討されている。
なかでも危惧されるのが
首都直下地震だ。
さし迫った**東京湾北部地震**では、
首都圏に**重大被害**をもたらし
1万人が**死亡**するという。
しかしそういった**被害想定**は
どれくらい**信憑性**があるか？
地震のシナリオの
それぞれはどうか？

技術評論社

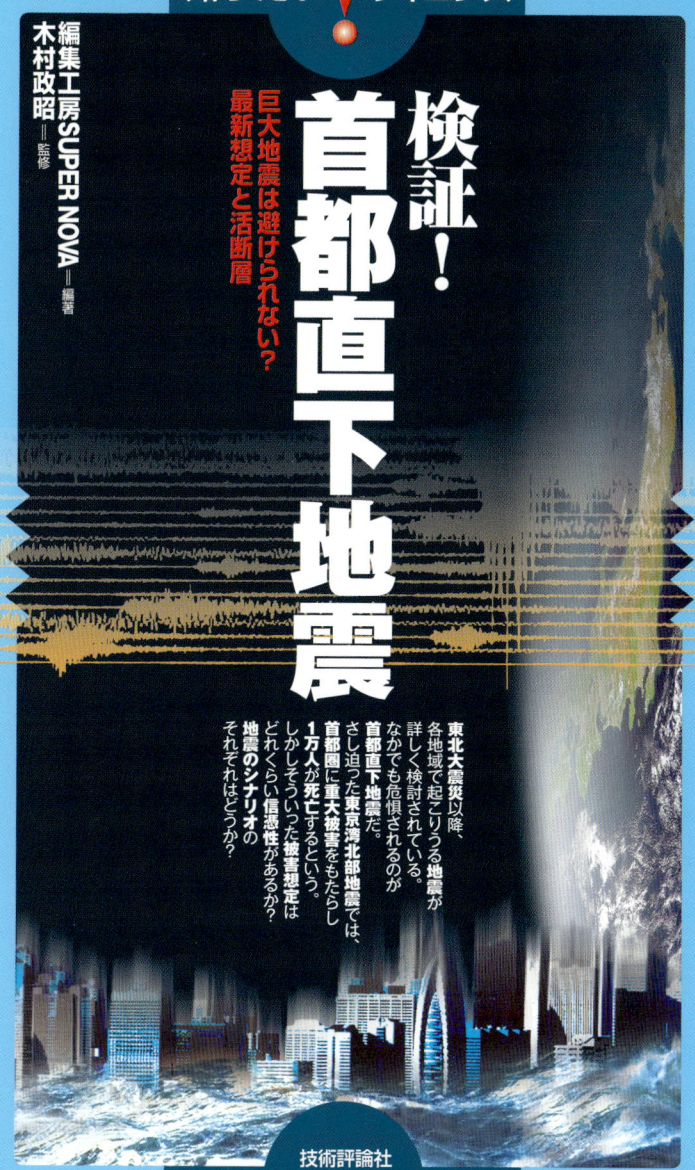

内閣府発表の〈確率論的地震動予測図〉は各写真の大きな被災地震を予想しえなかった！――
左／都市型災害を明らかにした兵庫県南部地震、上／復興いまだしの東日本大地震、右／新潟県中越地震での子供たち

確率論的地震動予測地図

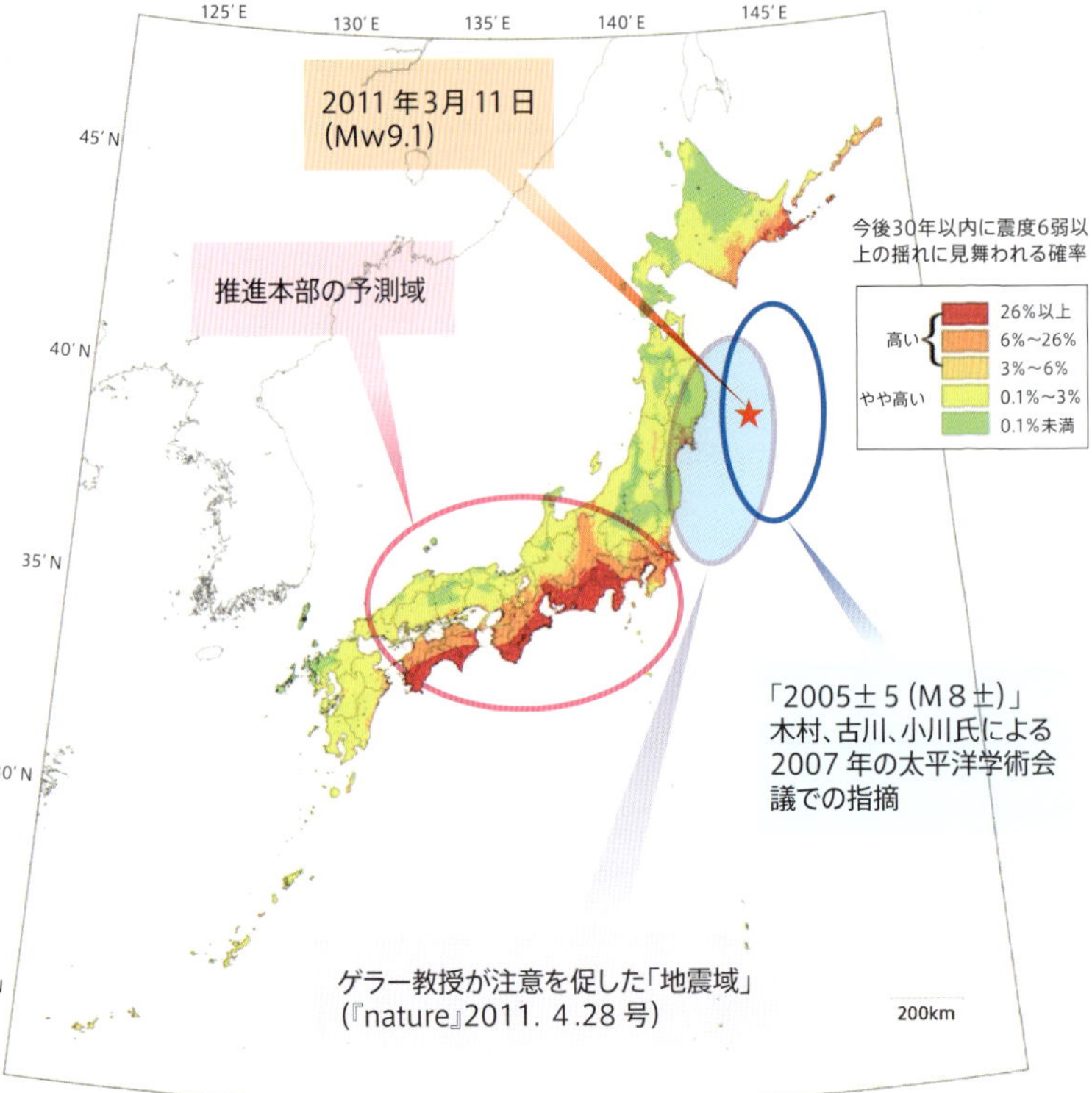

Color pictorial

強靭な防災を目指して

「想定外」ではなかった！

東日本大地震（東日本大震災）は、予測不能だったのか？
決してそんなことはなく、“木村メソッド”（本文参照）ほかでは
「想定内」にあった。

図21　第21回太平洋学術会議で講演発表された「次の地震」

中央の赤い楕円で示された東日本大地震（東日本大震災）は「2005±5（M8±）」の想定を示し、的中させた。この予知は火山噴火と「地震の目」の関連から導き出された。

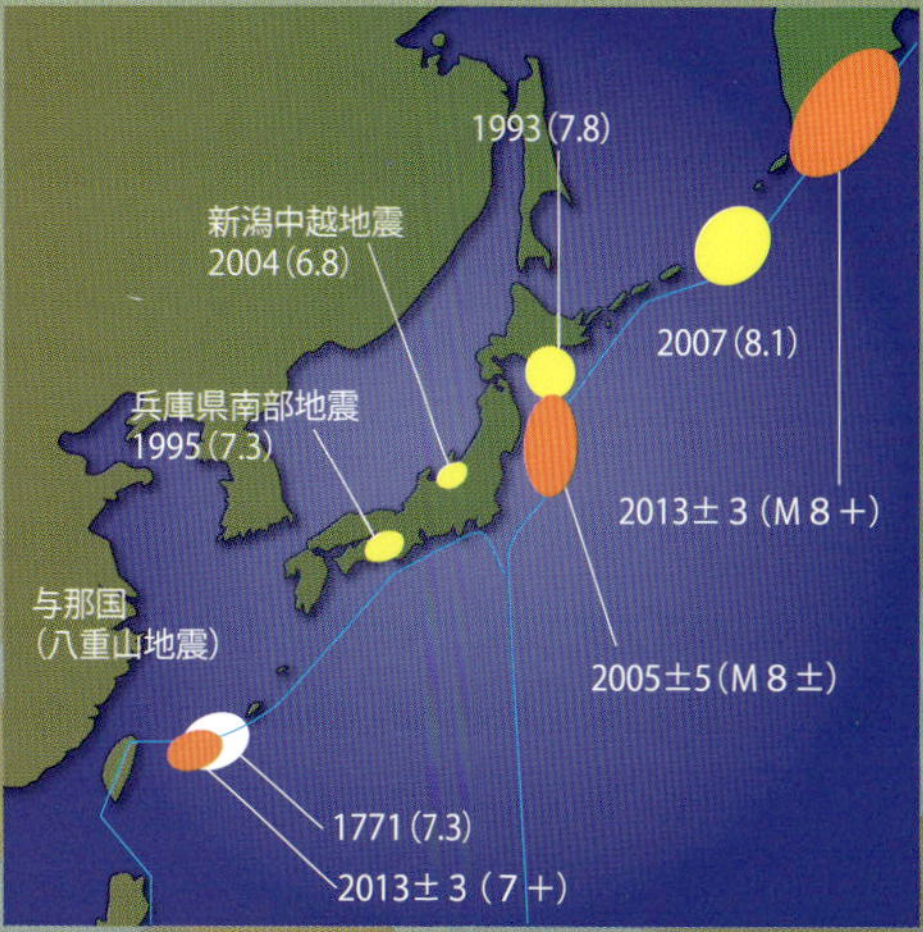

“木村メソッド”への端緒となった大島・三原山噴火——写真は全島民が避難した大噴火1年後の再噴火（1987年11月17日）のもので、下方に86年の噴火口四つが見られる。

図20　「全国地震動予測地図」からの比較検証

内閣府（地震調査研究推進本部）の発表による〈予測図〉では、東日本大地震の発生確率をかなりに低いものとしている。

“南海トラフの巨大地震”と“首都直下地震”の想定

2012年3月、内閣府は南海トラフで発生する各地の予想震度を新たに発表。この結果を、2003年に中央防災会議による首都直下地震の想定結果とともに見ていこう。

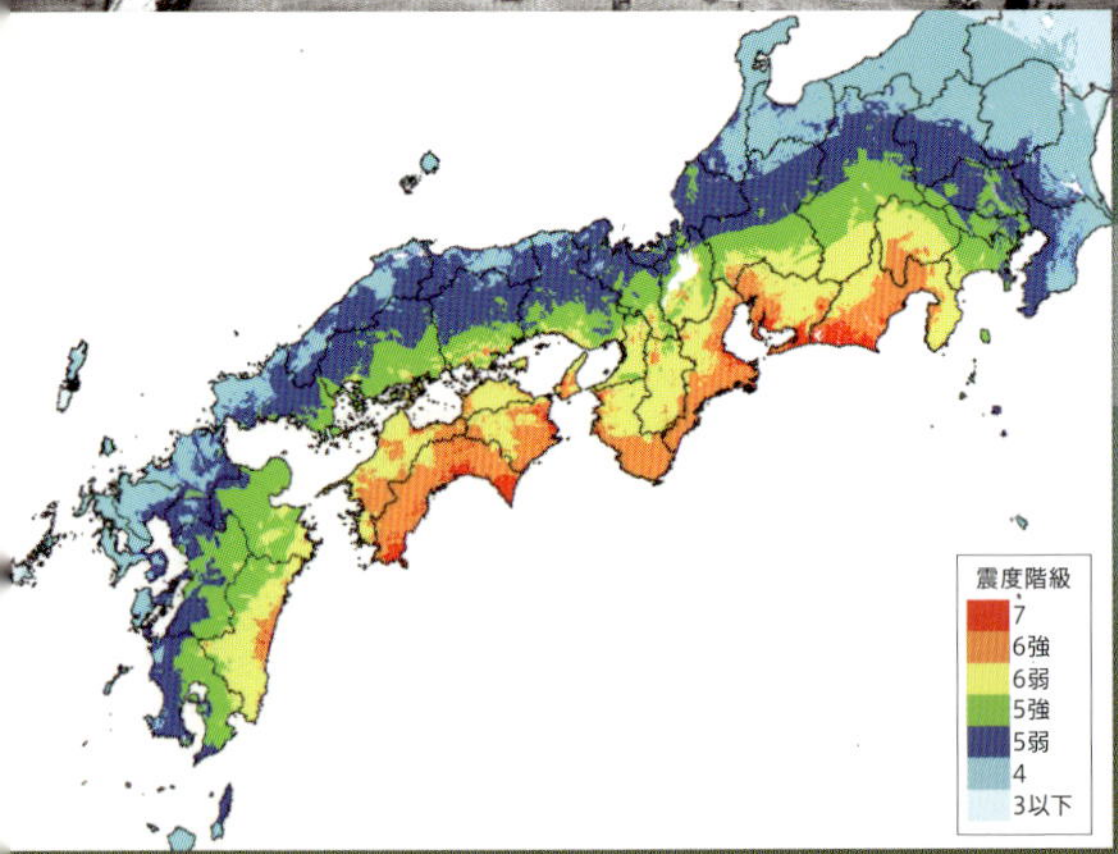

図 36　南海トラフで発生可能な各地の最大予測震度

3連動型として、震源域が従来のほぼ2倍に拡大されるなど考えうる最悪のケースが想定されている。

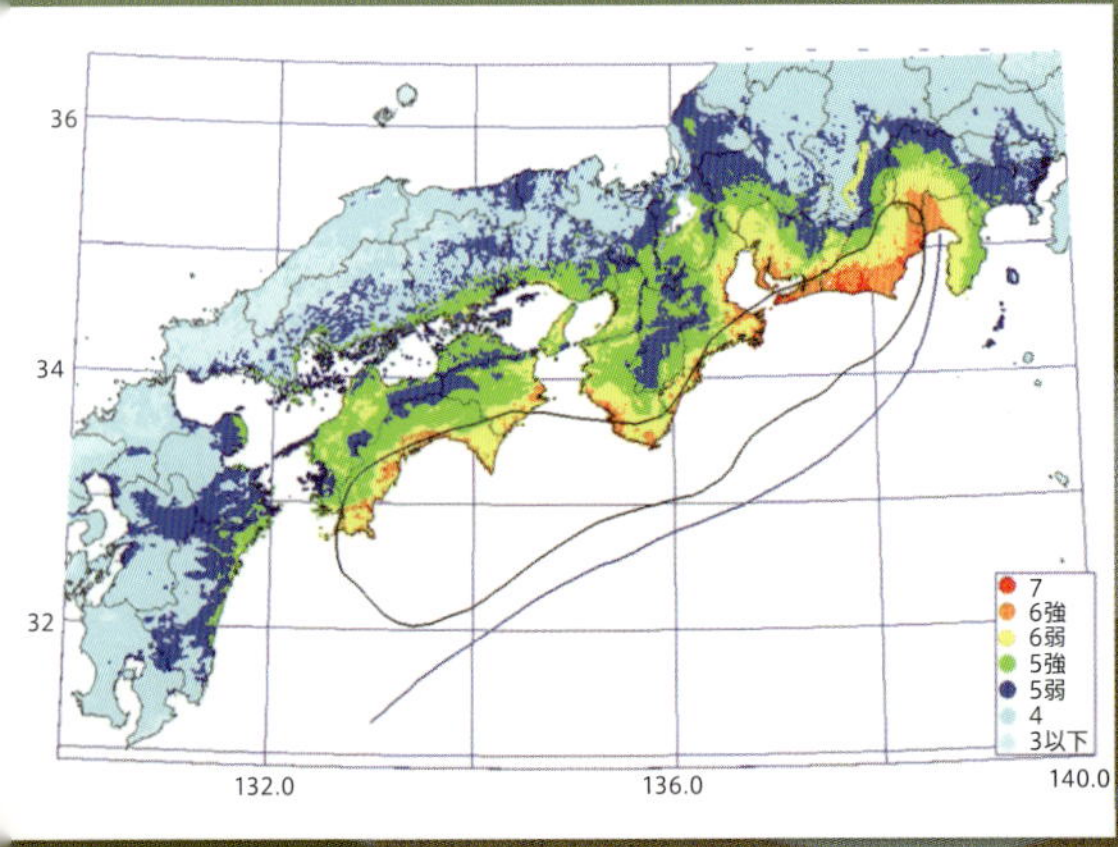

【参考】中央防災会議(2003)の東海・東南海・南海地震の震度分布図

上図と比較し、強い揺れに襲われる地域が狭いことがわかる。普通、木造家屋は震度6弱以上の揺れで倒壊する。

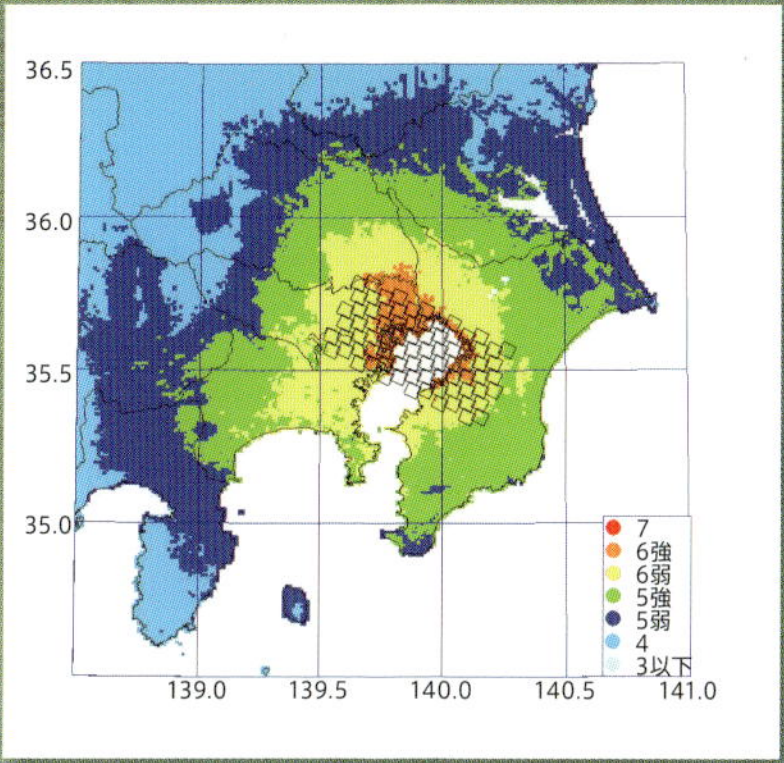

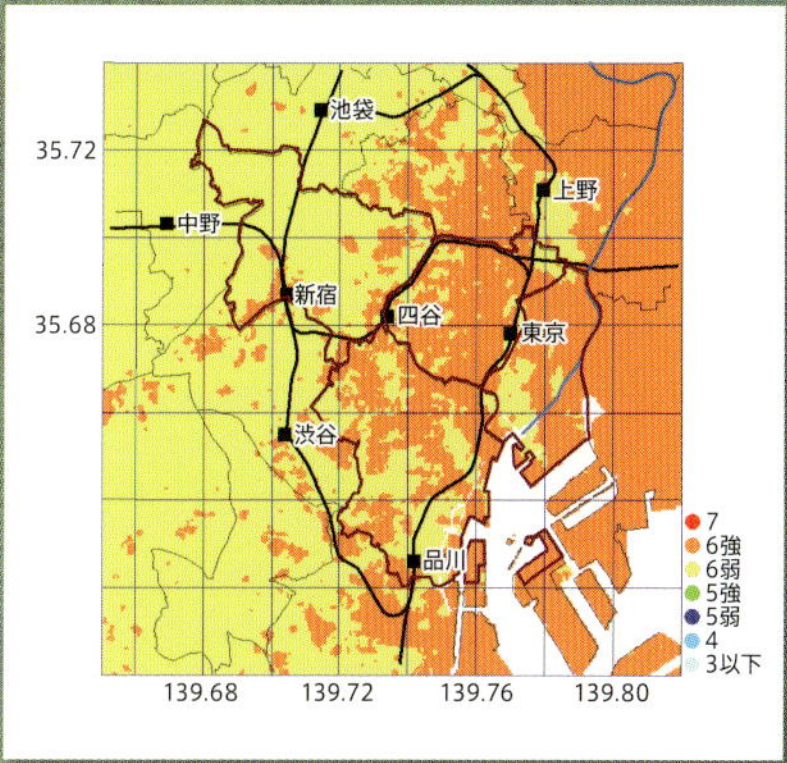

図45　プレート間地震（東京湾北部地震）、M7.3 の想定による震度分布図

図46　東京湾北部地震の都心部拡大図

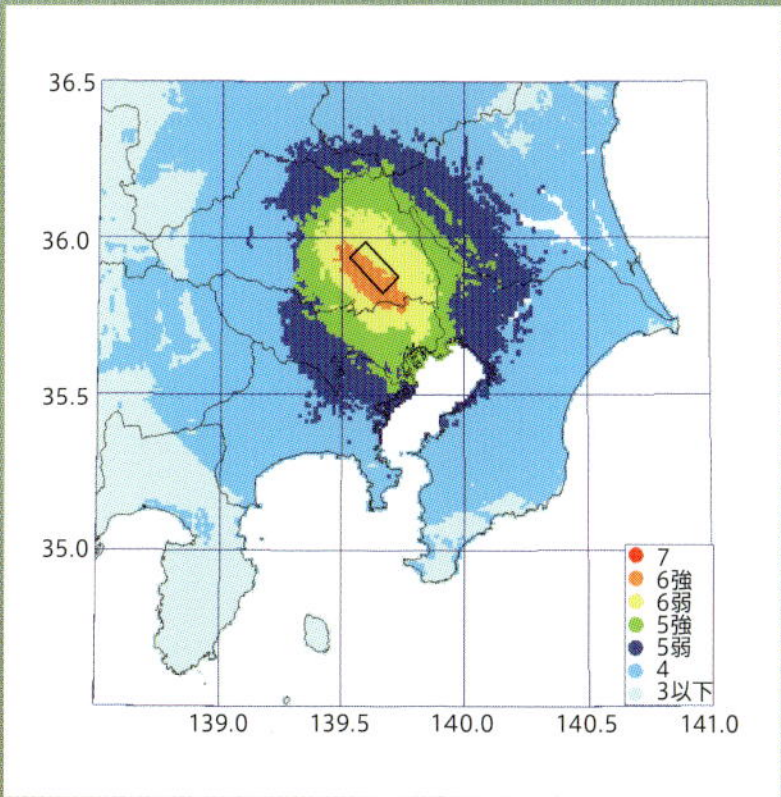

図47　さいたま市直下地震、M6.9

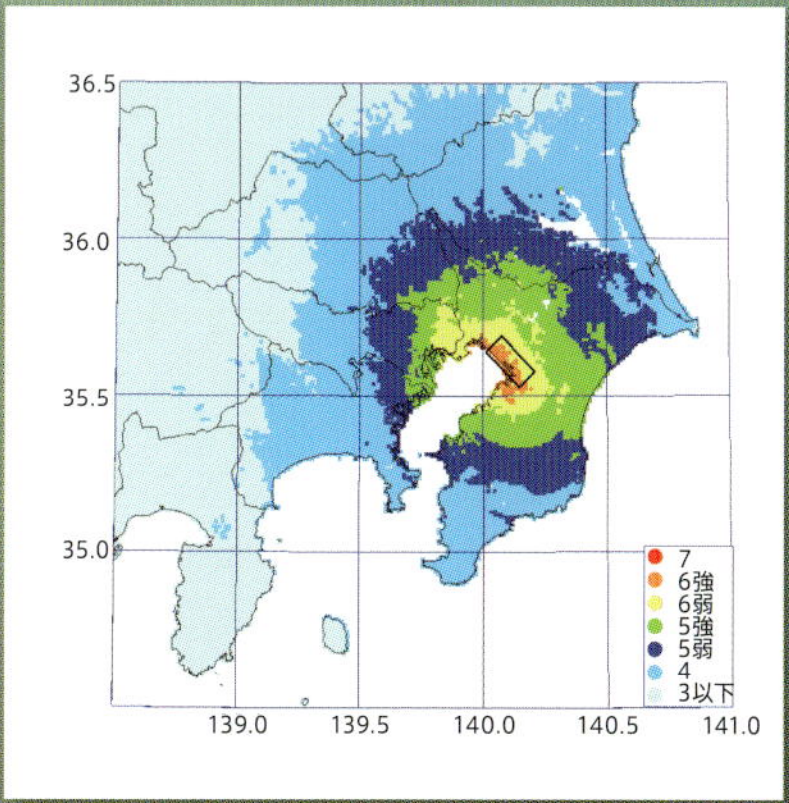

図48　千葉市直下地震、M6.9

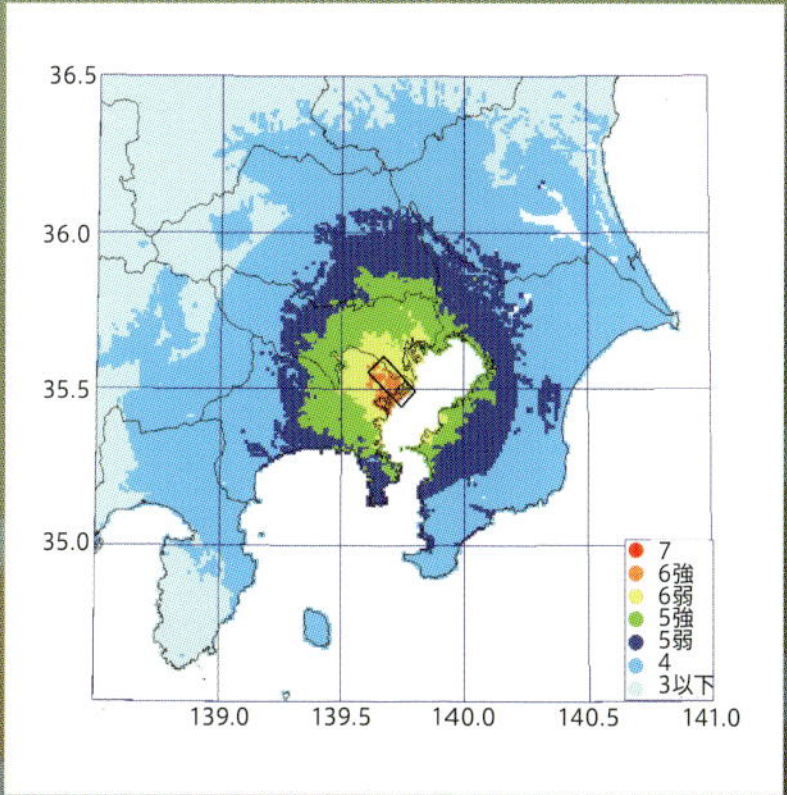

図49　川崎市直下地震、M6.9

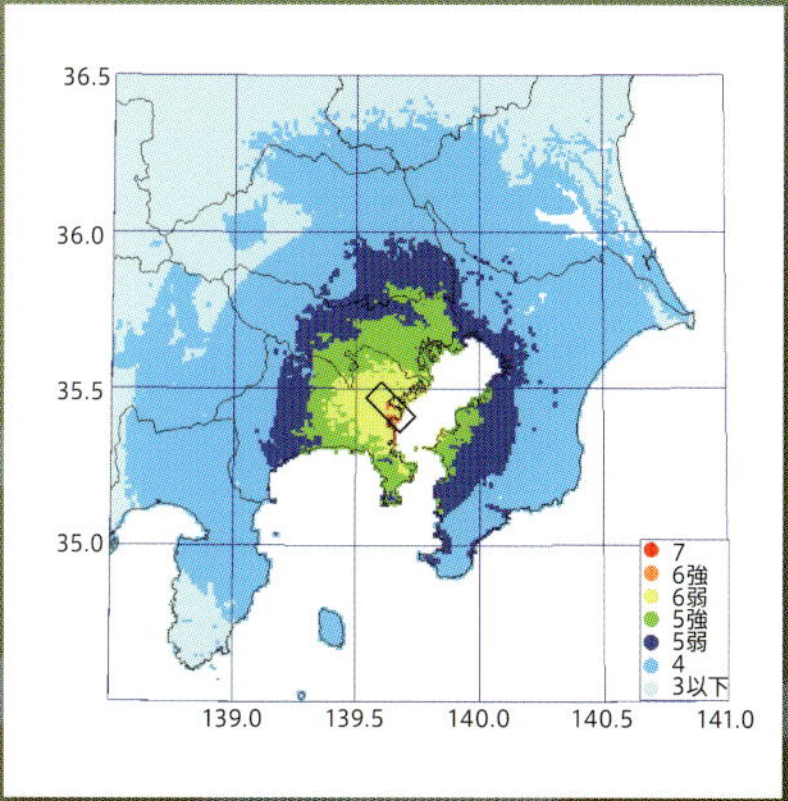

図50　横浜市直下地震、M6.9

警戒すべき首都圏の五つの活断層

兵庫県南部地震の発生から注目されるようになった活断層は、詳細の多くが不明だが直下型地震を引き起こす主要ファクターであることは間違いなく、その検討は重要だ。

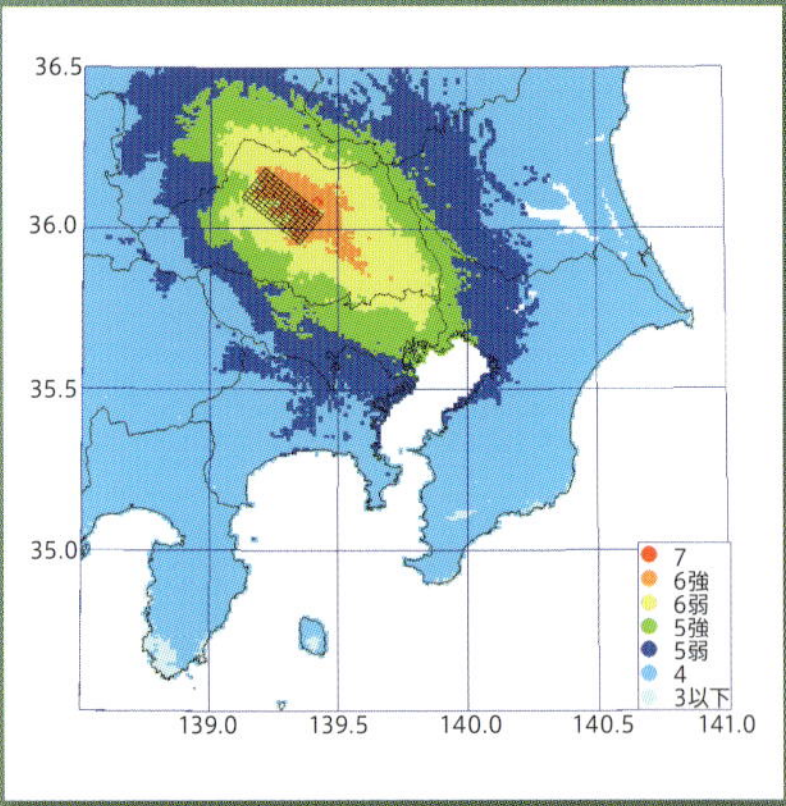

図51　関東平野北西縁断層帯地震、M7.2

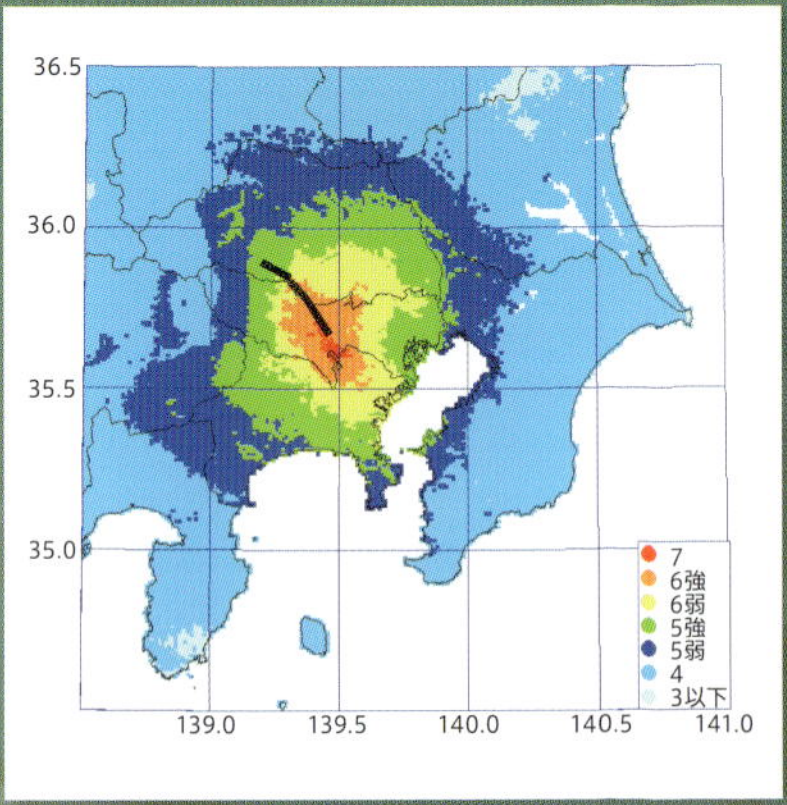

図52　立川断層帯地震、M7.3

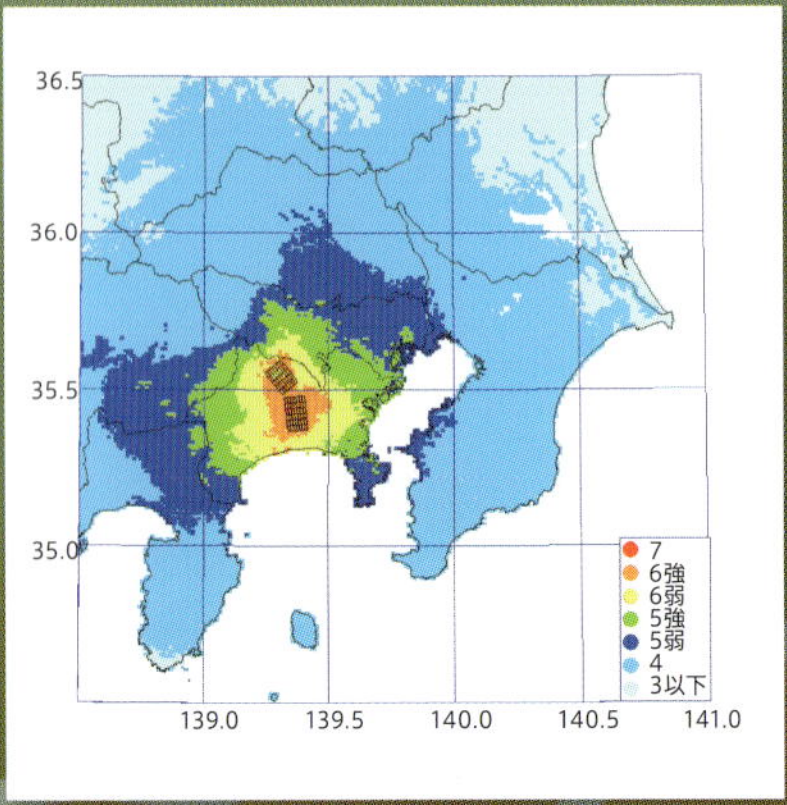

図53　伊勢原断層帯地震、M7.0

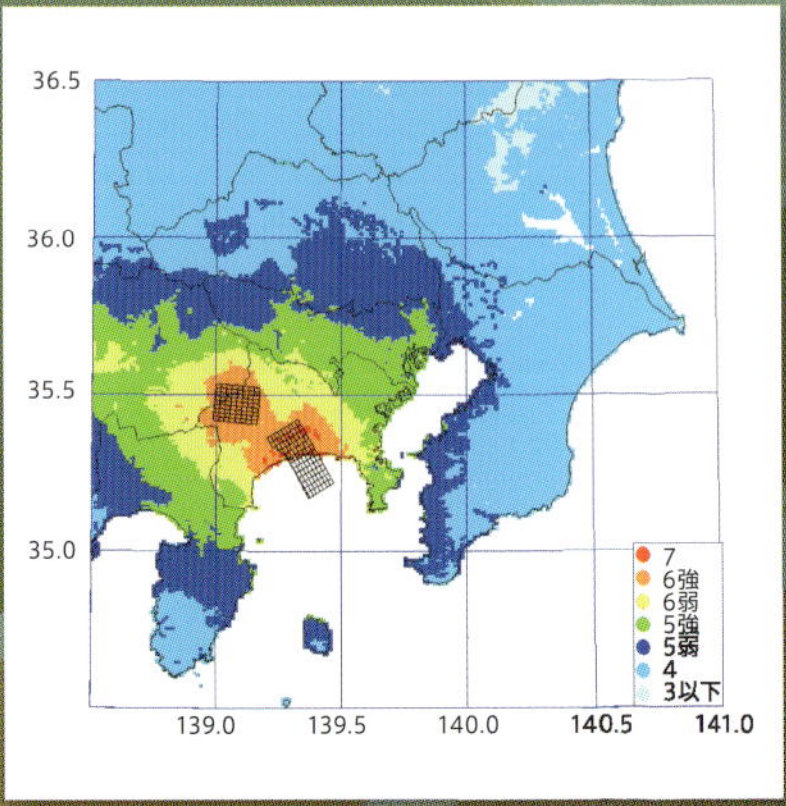

図54　神縄・国府津－松田断層帯地震、M7.5

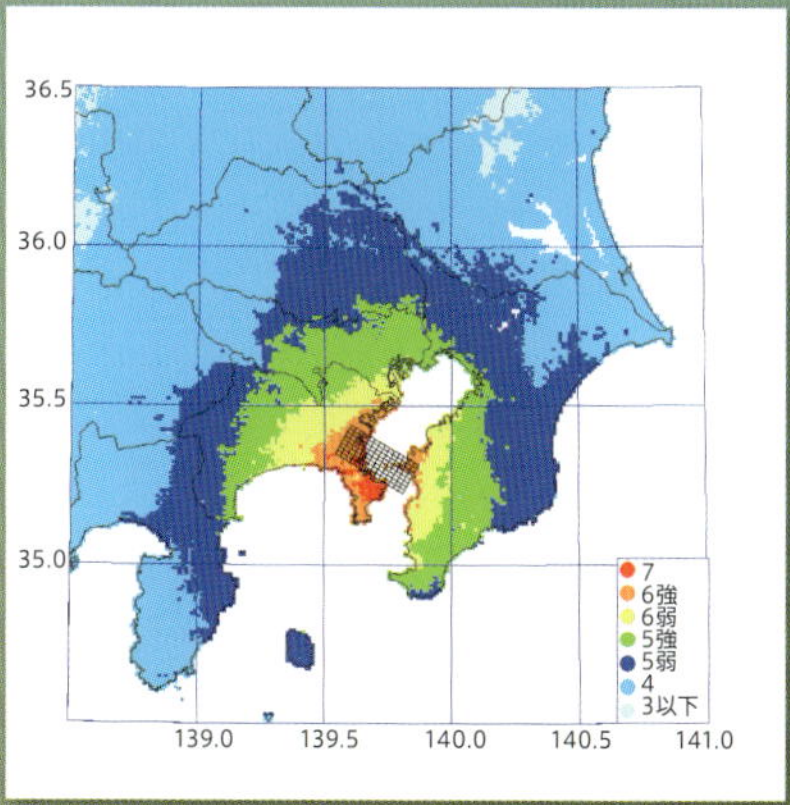

図55　三浦断層群地震、M7.2

近年の三つの首都直下地震——上／1885年に発生した安政江戸地震（東京消防庁蔵『安政江戸地震出火場所並火災図』）、中／1894年の明治関東地震（明治東京地震）での築地居留地の損壊建造物、下／1923年の大正関東大地震（関東大震災）では隆起と沈下が起こった

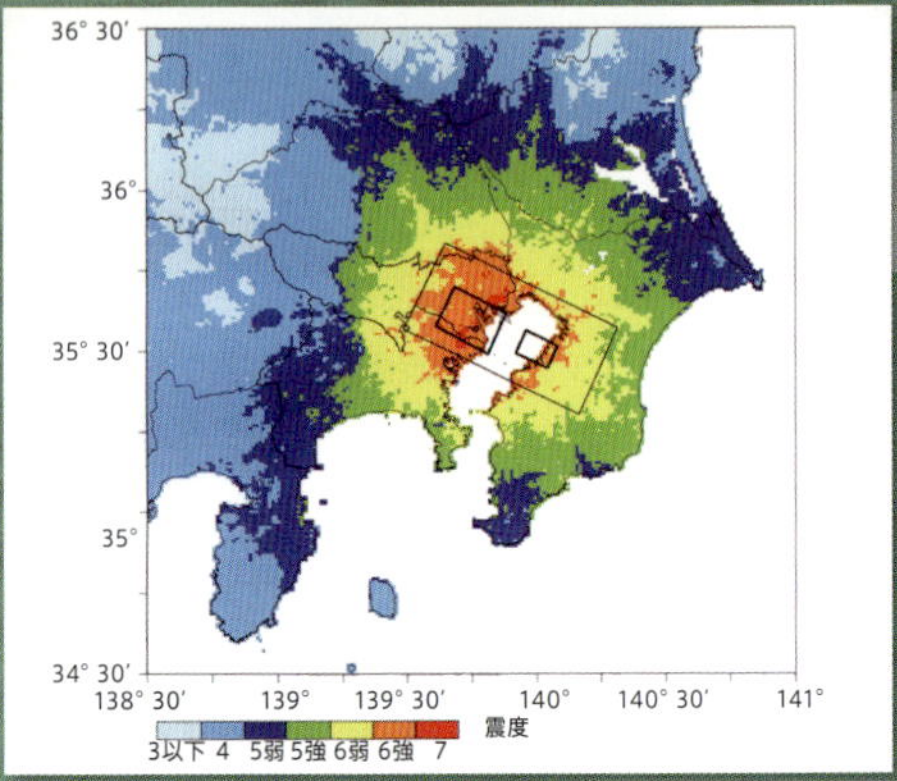

図56　東京湾北部地震の予測震度

文部科学省の発表では震度7の地域が点在するほか、震度6強の地域も広範囲にわたる。中央防災会議の 2005 年想定に比べ、プレート境界面（断層）が 10km 浅いことが改めて確認されたことで予測震度が大きくなった。

図57　千葉県北西部のスラブ内地震の予測震度

スラブ内地震とはプレート境界ではなく、プレートの内部で発生する地震をいい、過去の地震の傾向や地震波を利用した地下の構造探査の結果等から図の場所に断層が設定された。

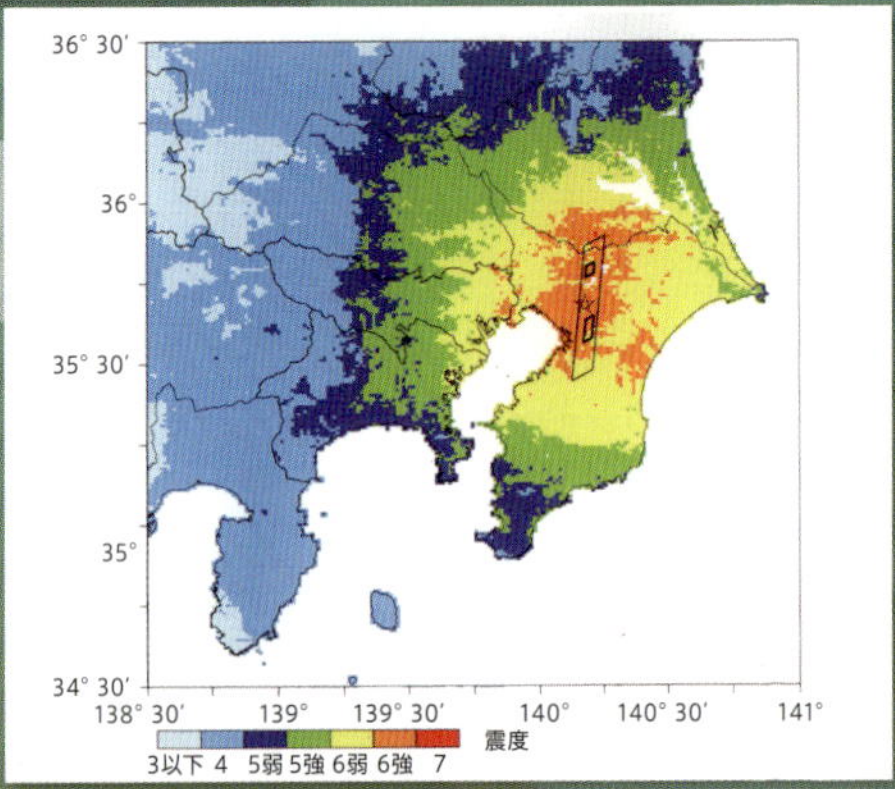

最新地震動予測地図（地震調査研究推進本部発表の資料をもとに作図）

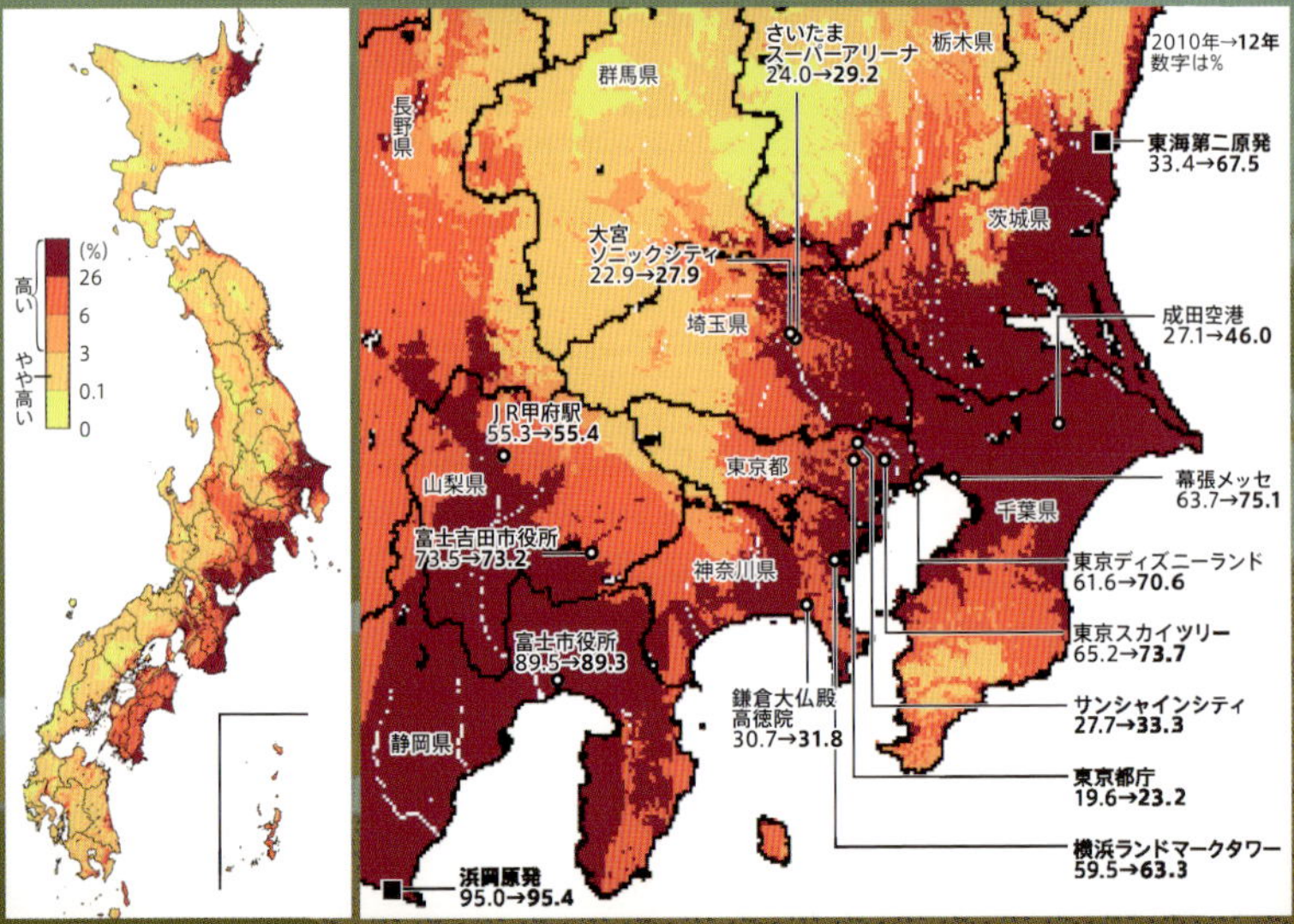

目　次

color pictorial ● 強靭な防災を目指して ……… 2

プロローグ　3・11の〝超巨大地震〟は「想定外」ではなかった!?

0-1 〝地震予知〟への岐路 ……… 14

確率で地震を予測する方法には限界がある!／太平洋プレート西端で連鎖して起きた東日本大地震／地震を予知する〝3要素〟とは?／首都圏の地震発生確率は軒並み上昇

0-2 火山噴火と地震の関連性 ……… 26

巨大地震と火山噴火は確実に連動している／地震と火山噴火が連動していることをグラフで表わす／超巨大地震の連鎖と火山噴火はいまだに連続している

第1章　巨大地震の発生はどうして避けられないのか?

1-1 地震を起こす〝流動する大地〟 ……… 36

日本に地震はなぜ多発するのか?／地球を冷ます〝対流〟でプレートが動き、地震と火山噴火が起きている／海嶺から生まれたプレートが太平洋と大西洋の両岸を圧迫／環太平洋の地震・火山活動はなぜ活発になったのか?／超巨大地震はプレート境界で起きている

1-2 地震発生の要因と巨大化の本質 ……… 60

プレート境界型の巨大地震に特徴的な「地震の発生源＝アスペリティ」／大規模なアスペリティができ

目次

やすい「地震発生帯」／プレートどうしの境界面は、限界を迎えて一気にずれ動く／複数のアスペリティの連鎖で超巨大地震が起きる

●column● 富士山〝大噴火〟を検証する ❶

『日本三代實録』に見る富士山噴火と地震の関係 …… 74

第2章 新しい認識の「日本列島断層」上の地震と首都直下地震

2-1 東日本大地震へと続く近年の地震と噴火 …… 78

「日本列島断層」に沿って地震と火山噴火が活発化／北海道・東北から南下した〝日本列島断層の地震活動〟／相模トラフが休止期に入ったら首都圏直下型地震が起こる!?／3・11東日本大地震を予知していた伊豆大島・三原山

2-2 首都直下地震の切迫性 …… 95

過去に起きた首都直下地震に学ぶ／典型的な首都直下地震の詳細検証／東日本大地震以降の関東周辺に何が起きたか?／モーメントマグニチュード（Mw）は超巨大地震を正確に反映

●column● 富士山〝大噴火〟を検証する ❷

富士山噴火に直結する五つの兆候が見つかった!? …… 113

第3章 東日本大地震を検証し、地震予知の精度を上げる

3-1 **地震予知へのアプローチ** …… 118

〈確率論的地震動予測地図〉は〝予測〟できていない!!／東日本大地震が、科学的に予知できたとは何を意味するのか?／「時空ダイヤグラム」から東日本大地震の発生時期を絞り込む／「地震の目」で本震の震央と発生年を絞り込んでいく

3-2 **〝これから起こる〟地震を知る「地震の目」理論** …… 135

空白域の中に浮かび上がる「地震の目」／「地震の目」の立ち上がりから30年後に本震発生／「地震の目」から本震の規模を知る計算式

●column● 富士山〝大噴火〟を検証する ❸

富士山ではすでに〝水噴火〟が始まっている …… 146

第4章 噴火と「地震の目」で読む次の大地震

4-1 **火山噴火は巨大地震の〝前触れ〟** …… 150

火山活動と地震の深い関係を「弾性体モデル」で解明／巨大地震の〝前触れ〟としての火山噴火に注目する

4-2 **東海地震の〈シナリオ〉検討** …… 161

西日本の3連動型地震がすぐにも起こる可能性は低い／駿河湾地震で東海地震のストレスは完全に抜けた?

4-3 より恐ろしい(?)南海トラフ地震 …… 174
M9・1規模の南海トラフ地震で最悪32万人死亡/3連動型よりもむしろ南西諸島～日向灘にスーパー巨大地震の目!!

column 富士山〝大噴火〟を検証する 4
富士山の「噴火の目」は、噴火が近いことを示している …… 188

第5章 首都直下地震の最新想定と活断層

5-1 首都直下地震と〝自助〟 …… 194
首都圏に被害をもたらす地震のタイプは三つある/東日本大地震以降、首都圏でも地震が急増/首都圏で30年以内に直下地震の発生する確率は70%!?

5-2 想定された首都直下〝地震像〟 …… 206
首都圏では3タイプ・18種類の地震を想定/時刻・季節で違う首都圏直下地震の被害想定/首都直下地震の震度分布を見る

5-3 首都圏の〝活断層〟状況 …… 217
活断層による五つの地震を想定する/「活断層型地震の発生予測」で注意すべき点/東日本大地震以降、地震の発生確率が高まった五つの活断層/震源を従来よりも浅く想定すると「震度7」の地域が点在!

Verification:Earthquake which occurs directly beneath Tokyo and giant earthquake

プロローグ

3・11の〝超巨大地震〟は「想定外」ではなかった!?

0-1

“地震予知”への岐路

確率で地震を予測する方法には限界がある！

２０１１年3月11日、東日本大地震（この地震を、気象庁は「東北地方太平洋沖地震」と命名していますが、本書では東日本大震災を起こした地震として、以下「東日本大地震」と称させていただきます）が発生したかなりあとになってさえ、その地震と津波をテレビや新聞などで「想定外」と語った解説者や有識者は数多くいました。

それではいったい何をもって、「想定外」と言い切ったのでしょうか。それは、日本政府の地震調査研究推進本部*が仮定した、地域ごとの地震についての発生確率を指して言っているのだと思われます。

文部科学省に設置された国の特別機関である地震調査研究推進本部は、東海地震を「２００6年1月1日以後30年以内に震度6以上の地震が起こる確率は87％程度」と発表してきました。同じように、東南海地震は60％程度、南海地震は50％程度、首都直下を含む南関東でマグニチュード（地震の規模。本書では以下、数値を伴うとき「M」と略記）7クラスの地震は70％

（↘）特に地震による被害の軽減に資する地震調査研究の推進」を基本的な目標とし、「今後30年以内に地震が起こる確率」の検討や毎月の地震活動の評価などを発表している。

の確率で起こると発表してきました。また、これらの予測に基づいて、〈確率論的地震動予測地図〉（正式名称は「全国地震動予測地図」）を公表してきました。

けれどもこの地震の予測地図は、物事が起こる確からしさを表わす数学上の指標である〝確率〟を用いて示した、単なるモデルにすぎません。しかもこの地図で最も危険だと赤く色づけされているのは、東海・東南海・南海という、あらかじめ決められた三つの地域の〈シナリオ地震〉がメインになっています。つまり、最初からこれら三つの地域はすでに危険だからと、いわば重要度を決めて（シナリオの筋道を決めて）かかったうえで、確率を用いて地図作りをしているようにみえます。

しかし実際には、読者の皆さんもご存じのように、１９７９年以降、10人以上の死者を出した地震は、この確率論的地震動予測地図上で、比較的リスクが低いとされた場所でも発生しています。新潟県中越地震、新潟県中越沖地震、兵庫県南部地震、東日本大地震など、色分けされたこの地図でもほとんど安全だという意味の〝青い色〟で塗りつぶされた、評価の低いところで起こった地震です。

「この矛盾からだけでも、確率論的地震動予測地図およびその作成に用いられた方法に欠陥があること、したがって破棄すべきであることが強く示唆される」と言及したのは、『日本人が知らない「地震予知」の正体』を著した東京大学のロバート・ゲラー教授（東京大学大学院理学系研究科地球惑星科学専攻）でした。この指摘は、イギリスの科学論文誌『nature』（２０

＊**地震調査研究推進本部**　1995年に戦後最大の被害（当時）をもたらした阪神・淡路大震災を契機に全国規模で総合的な地震防災対策を推進するため「地震防災対策特別措置法」が制定され、同法に基づき総理府（現・文部科学省）に設置された政府の特別機関。「地震防災対策の強化、（↗）

なぜ、予測しえなかったのか!?

1979年以降に死者10人以上の写真の各地震はみな、安全度が高い、と国が考えていたところだった！

新潟県中越地震——地震後に雨に見舞われて浸水被害も重なった山古志村の集落

新潟県中越沖地震——陥没する土地が多く出て、インフラへの影響も大きくなった

東日本大地震——日本史上、最大のマグニチュードを示してその復興は今もまだ遠い

兵庫県南部地震——発生時の関連から火災被害が大きく、迫る火に校庭に避難する人たち

１１年４月28号）に掲載されています。そして、世界の地震活動と、東北地方でこれまで起きた地震の歴史記録（たとえば８６９年の貞観《じょうがん》津波や、１８９６年の明治三陸津波をもたらした地震）などが、地震の危険性を見積もるときに考慮されていれば、時間・震源・マグニチュードを特定するのは無理としても、３月11日の東北地震は一般には容易に「想定」できたはずではないか、と指摘しています。さらに、こうした地震への対策は、福島原子力発電所の設計段階で検討することも可能であったはず、と言及しています。

ゲラー教授はまた、２０１２年10月16日から始まった日本地震学会でも、「地震の前兆は複雑で予知できない。予知計画は幕を引くべきだ。予知計画は予算獲得のスローガンでしかない」とまで言い切っています。もっとも日本地震学会では、地震予知検討委員会の〝予知〟という言葉の使い方を限定しようとする動きも出てきています。

しかし、地震の前兆は複雑で予知できない……とするのは、多少早計な結論ではないかと思われます。

３・11東日本大地震後、多くの人々がより防災への関心を増すようになって、これまで以上に地震予知への切実な希求があるのが現状だからです。

そうしたなか本書は、前著『なぜ起こる？　巨大地震のメカニズム』（技術評論社刊）を引き継ぎ、さらにできるだけ正確な〝予知の手法〟を探り、来るべき〝地震像〟を明らかにしたいとするものです。人々が地震からの防災を考えるとき、まず何より必要なことはなるべく正確な情報に基づいて、本震に備えることでしょう。

したがって、単なる地震の解説や起こったあとのいわゆる防災グッズの備えなどについては、本書は基本的に記していません。ましてや先の確率論的地震動予測は、むしろ大多数を惑わせるものではないかと考えています。

太平洋プレート西端で連鎖して起きた東日本大地震

ここで再度、3・11東日本大地震は、はたして本当に〝想定外〟だったのか検証してみましょう。というのは、琉球大学の木村政昭名誉教授が〝予測〟した前後の事情を知れば、簡単に「想定外」とも言い切れないような〝事実〟が浮かび上がってくるからです。

木村名誉教授は2007年、沖縄県宜野湾《ぎのわん》市で開かれた第21回太平洋学術会議において、この東日本大地震の可能性について公式に発表していました。ここで〝公式に〟とするのは、後述するように2000年初めにはその論文が書かれており、東日本大地震に早くから警鐘を鳴らしていたわけです。そうしたことも含め、本書は前著に続き木村氏（煩瑣《はんさ》を避けるため、以下「氏」で記）に監修をお願いし、中心となるそのメソッドの遺漏なきを期しています。

さて、前記の会議は琉球大学から木村氏とともに古川雅英氏、立正大学から小川進氏が参加し、3人による共同研究の成果を講演発表しています。演題は「太平洋プレート西縁で行なわれている地殻変動を示す琉球列島の海底遺跡」というもので、その主旨は「都市を水没させるような地震はこれからも起こる」ということに主眼を置いたものでした。

詳細は《第３章》に記しますが、発表した際に掲げた資料（口絵３ページ掲載の図21参照）には、震源域などを書き込んであります。そしてこのとき木村氏は、東北太平洋沖にＭ８以上の巨大地震が発生するという可能性を指摘しています。同図で東北日本の沖合にある赤い星印で示した箇所が震源となり、規模は「Ｍ８±」という大規模地震となって、発生時期は２００５年±５年として発表されました。

当時、Ｍ９を超える規模の地震といえば、１９６０年に起きたチリ地震のＭ９・５が初めてでした。同地震は観測史上最大の地震であり、後述するモーメントマグニチュード（以下、数値を伴うときは「Mw」と記）でも９・５となっています。その後、２００４年の年末になってスマトラ島沖地震（Ｍ９・１、Mwは９・０）が起き、この年以降８年たらずの間に、Ｍ９・０以上の超巨大地震が２回、さらにＭ９・０に迫ろうかという巨大な規模の地震（２０１０年２月のチリ地震。Ｍ８・５、Mw８・８）が１回と、巨大地震の連鎖が始まっていました。

木村氏がこの発表で地震の規模を推定する根拠にしたのは、《第４章》に詳述する「地震の目」の大きさです。余震域に推定したのは、長径にしておよそ４８０キロメートル。この長径を断層の長さとみなし、〝松田の計算式〟（後述）により再計算したところ、Ｍ９・３という結果が得られました。しかし計算からはじき出された広範囲に及ぶ地震の規模は、日本列島近辺では発生したことのない大きさのものでした。日本ではかつて気象庁において、Ｍ９規模の超巨大地震はないとされたこともあって、発表当時の資料では「Ｍ８±」という表現にとどめざるをえなかった、ということです。

研究発表した時点（２００７年）で氏が不安を抱いていたのは、１９６０年のチリ地震以来続いている環太平洋全域にわたる地球規模のグローバルな変動が、その後も引き続いて起きていることでした。そして、２００６年11月（Mw８・３）と２００７年1月（Mw８・１）に同じ千島（クリル）列島付近で巨大地震が相次いで起きていたことも、この頃の地球規模の変動を重くみなければならないと考える根拠となっています。このときは、巨大地震によりアリューシャン列島に大規模な津波が起きています。

アリューシャン列島沖での巨大地震と津波の発生は、太平洋プレート西縁で地殻変動のサイクルが新たに始まったことを示す〝兆候〟ではないかと木村氏は判断し、すぐさま、日本近海で巨大地震が起きる可能性を検討したところ、巨大地震の兆候を東北沖に見出し、その結果を前述の国際会議で公表した、といういきさつがあったのです。

「いつ起こるか」というむずかしい判断については、木村氏は当初、２００５年±5年と予測したのですが、その際、遅くとも２０１０年には発生するのではないかとみていたそうです。結果的には２０１０年をわずか3ヵ月と少し過ぎたところで起きたのですから、これは誤差といっても許される範囲のものでしょう。こういった判断の仕方と、その後の検討結果については、122〜145ページに詳しくまとめてあります。

地震を予知する〝3要素〟とは？

地震を予知するうえで、〈①いつ、②どこで、③どの程度の大きさの地震が発生するのか〉という3要素を組み込んだ〝地震像〟を明らかにすれば、きわめて〝科学的に〟予知できたことになるはずです。地震国・日本では今まで、数多くの地震のデータが、気象庁などによって保存されています。②と③についてはこれまでのデータから、研究者なら〝当たらずといえども遠からずの結論〟を導き出すことはできるでしょう。しかし最もむずかしいのは、〈その地震がいつ起こるか〉ということでしょう。〝確率予測〟などはそもそも確率を土台にしているため、首都直下地震がここ30年の間に起きる確率は70％などと、地震発生の時間については最初から〝逃げ〟を打っているありさまです。

一方で木村氏は、本文で詳しく紹介する「地震の目」と「噴火と地震の時空ダイヤグラム」*などの方法を組み合わせることによって、地震予知の3要素の精度を高めることに成功しています。

ここでもう一度、先の〈シナリオ地震〉を考えるとともに、木村氏の手法との根本的な違いを見てみましょう。

政府機関や多くの地震学者たちは、地震を予知する場合の大前提として、まず地震の「空白

***噴火と地震の時空ダイヤグラム**　プレート運動により断層という“切り傷”にひずみがたまり、それが火山に及び噴火するという説。ひずみがたまるとまず震央から近い火山が噴火し、次に遠い火山が噴火、最後にその断層で地震が起こるというデータに基づく（p.126ほかに詳述）。

＊域」を絞り込むことから作業に着手しています。その際、たとえば東北・三陸沖一帯を検証する場合、Ｍ６・５以上の通常地震をプロットしてみて、そこに空白域があるかどうかを判断します。ところがこの周辺では、明治三陸沖地震（１８９６年）に始まって、大きな地震だけでも昭和三陸沖地震（１９３３年）、宮城県沖地震（１９３６年、１９７８年）、福島県沖地震（１９３８年）、三陸はるか沖地震（１９９４年）と続き、三陸沿岸部ではＭ６以下の地震は絶え間なく起きており、おそらく地図上の東北・三陸沖は通常地震がプロットされた点で黒く塗りつぶされたに違いありません。となると、このあたりに空白域がないことになります。したがって当然、地震発生の確率もきわめて低い数字になります。

ところが、木村氏は東北地方での噴火活動が一段落して静かになったのち、長い間地震が起きていないことに不気味な印象を持っていました。そこで、同じ地域でもっと巨大な地震が起こりうる可能性もあるとみて、大地震の空白域を発見するために使うＭ６・５以上の通常地震をプロットするかわりに、より大きな地震の規模であるＭ７・５以上の地震をプロットしてみたところ、地図上に大きな空白域が現われてきました。

そこで次に、地震の規模を今度は小さくしていき、Ｍ７、Ｍ６と下げていくと、空白域の中にそれらの地震が密集して発生している、いわゆる「地震の目」がくっきり現われました。Ｍ９以上の超巨大地震ともなると、通常地震のときより大きな規模の地震に囲まれた地震空白域が浮かび上がってきます。

＊**空白域**　「地震の部屋」（p.163 ページに詳述）の中にあって、しばらくの間、通常の地震活動が起こっていないエリアのことをいう。この空白域には、地震ストレスがため込まれている可能性が高く「関東では地震が69年おきに起こる」といった周期説の基にもなっている。

政府・内閣府は、東北日本沖でＭ６・５以上の規模の地震をプロットして空白域を探そうとしたのでしょう。けれどもそこは、Ｍ６・５クラス以下の地震で埋めつくされていて、いわゆる〝地震空白域〟はなかったはずです。したがって、そこに空白域はないと判断したのでしょう。そしてこのような判断が、東北日本沖では大地震は起こらないという結論を出したと思われます。

木村氏は気象庁より発表されている地震活動のデータを、東京大学地震研究所の計算機システムを使用して解析をします。地震活動を探るため手始めに、最近、Ｍ７・５以上の地震が起きていないエリア（「第1種空白域」）を探すことで、分析に着手します。

東北日本沖の場合、それで地震の空白域が現われました。それを取り囲むように、Ｍ７・５より大きな地震を含むドーナツのリング状の「地震の輪＝サイスミック・リング」が姿を現わしてきます。この地震の輪で囲まれた部分が、第1種空白域にあたります。

そしてより小さい規模の地震を含め、絞り込んでいくと、この第1種空白域の中でもとりわけ地震活動が活発になっている、Ｍ７・５より小さな地震で形成される「地震の目＝サイスミック・アイ」が浮かび上がってきます。次に、もっと小さい地震、Ｍ３・０以上の地震まで含めてみると、「地震の目」の活動域が発達していった先のところで本震が発生する、という〝法則〟が発見できたのです。

首都圏の地震発生確率は軒並み上昇

政府の地震調査研究推進本部・地震調査委員会は２０１１年11月25日、日本の主要な活断層を震源とする地震および海溝型地震に関して、想定される地震の規模と発生確率（長期評価）を公表しています。そのなかでとりわけ注目されたのは「三陸沖北部から房総沖の海溝寄り」とされる領域で想定される地震の発生確率が上昇した、と発表したことです。このあたりではＭ８・６～９・０の地震が30年以内に発生する確率が30％（従来は20％）、50年以内では40％（同30％）と大幅に上昇しています。この領域はちょうど「明治三陸沖地震」（Ｍ８・２）で38メートル以上の大津波が押し寄せ、死者2万人以上を出したところにあたります。

さらに五つの活断層を、地震の発生確率が高まった可能性があると指摘しています。その理由として、東日本大地震による地殻変動と、その後の地殻変動（「余効変動」*）によって、日本列島が東に（太平洋側に）移動しているため、としています。余効変動とは、「地震のあとも続く大地の地殻変動」のことを指します。そのため活断層の断層面を押しつける力が弱まり、活断層による地震の発生確率が上昇し、起こりやすくなったとしていますが、発生確率がどれほど高くなったのかについては公表していません。五つの活断層のうち、首都圏では「立川断層帯」と神奈川県の「三浦半島断層群」を挙げています。

それだけでなく、東日本大地震が発生して以来、首都圏で発生する地震数が増加しています。

東日本大地震以降に活発になった首都圏の地震のほとんどは、観測によりプレート境界で発生した逆断層型の地震であることがわかっています。また、銚子沖を中心とした「余効すべり」＊や房総半島東岸で「ゆっくり地震」も観測されており、プレート境界での地殻変動も要注意です。

そして２０１２年12月21日、政府の地震調査研究推進本部は〈全国地震動予測地図〉の最新版を発表しました。この地図によれば、各地の都市や原発の地震発生確率が軒並み上がっています。30年以内に震度６弱以上の地震発生確率は首都圏全域で上昇し、たとえば東京ディズニーランド（61・6→70・6％）、東京スカイツリー（65・2→73・7％）、東京都庁（19・6→23・2％）などと、具体的な数字が挙げられています（口絵８ページ下段掲載の図参照）。

しかしここで注意していただきたいのは、地震発生確率の高い順に将来の地震が発生するわけではないし、地震発生確率が低いからといって安全なわけではない、ということです。これらのことについては本文で詳しく触れていきます。ただ目下のところ、本書の監修者である木村政昭氏によれば、首都圏で明確な「地震の目」（後述）は出現していないとのことです。

＊**余効変動、余効すべり**　地震後も続いている大地の動き（地殻変動）のことを「余効変動」という。東日本大地震では太平洋側に最大60メートルも動いたとされる。地震により大地が急激に動いた場合、それと同じ方向に断層がゆっくり動いていくことを特に「余効すべり」と呼ぶ。

0-2 火山噴火と地震との関連性

巨大地震と火山噴火は確実に連動している

ここでもう一つ気になることは、噴火と地震の関係についての認識の違いです。政府や内閣府、地震調査会や専門家の多くは、大地震のあとの噴火については両者に関係があるケースもある、としています。けれども、大地震に先立って起きた噴火と、その後に起きた大地震とは無関係である、という態度は一貫しています。地震と噴火は同じ〝地球物理学上のイベント〟なのに、大地震に先立って起きた火山噴火は関係ない、とする立場には首をかしげざるをえません。

ところが２０１２年後半になって、〝風向き〟が変わってきています。地震と火山はどちらも、地球の地殻の内部でプレートなどの〝圧縮応力〟でできたひずみによるエネルギーから引き起こされ、今まで常識とされた見解とは異なり、短期間のうちに高い頻度で連動して発生すると考えられるようになってきました。国の火山噴火予知連絡会の会長・藤井敏嗣氏は、20世紀以降に地球上で起きたＭ９以上の超巨大地震５ケースを検証した結果、すべて同時、または地震ののち数年以内に周辺の火山が噴火している、としています。とはいえこの見解も、大地震のあとの噴火についての関連性を、従来の方針に沿って認めたもので、大地震に先立つ火山噴火活動については不問のままです。

　実際、東日本大地震が起きてしまった現在の状況は、それこそ1150年前に貞観地震（M8・3、ただし最近ではM8・7以上だったかもしれないという説も浮上）が起きたときとそっくりのようにみえます。国史＊（『日本三代實録』＊）などによれば、この貞観地震に先立つ5年前から富士山、阿蘇山、大分・鶴見岳の噴火が相次ぎ、貞観地震発生から18年後に南海地震が起こっています。そして、その後200年にわたって続いた富士山の活発な噴火活動も、永長地震（1096年、M8・0〜8・5、東海・東南海連動型地震）と康和南海地震（1099年、M8・0〜8・3）が起こることによって、終息に向かっています。どうも、南海地震が起こるたびに富士山が噴火し始め、または長年にわたる富士山の噴火活動が終息しているようにみえます。南海地震が富士山噴火のON／OFFを切り替えるスイッチのような役割を果たしているようにもみえる、ということです。

　歴史時代に起きた主な富士山の噴火活動と巨大地震の関係をみても、そのことは納得できるはずです。天応噴火（781年）と東海・東南海・南海地震と連動したとされる畿内七道地震（8世紀）、延暦大噴火（800〜802年）と関東・東北地方沖地震、永正噴火（1511年）と明応地震（1498年、M8・2〜8・4、東海・東南海連動型）、宝永大噴火（17

＊**国史、『日本三代實録』**　日本の国家事業として編纂された史書（正史）を国史といい、狭義には特に平安時代までの律令国家による6書（六国史）を指す。『日本三代實録』は901年に成立したその第6。清和・陽成・光孝天皇の3代30年間が扱われている。編者は菅原道真ら。

07年）と元禄地震（1703年、M7・9〜8・2）＋噴火の49日前に起きた宝永地震（1707年、M8・6、五畿七道地震＝東海・東南海・南海地震と連動）、安政東海地震（1854年12月23〜24日に連続発生、東海・東南海・南海連動型、M8・4）と安政噴火（安政東海地震と同時に噴火〜1855年2月）などの例が数多くあるように、連動しているさまがよく見て取れます。富士山に大噴火が接近している現況は、日本列島全域で地震や火山災害の危機が高まっていることを示唆しているようです。

3・11東日本大地震では、東西約200キロメートル、南北約500キロメートルに及ぶ海底の地殻が東側（太平洋側）に向かって約50メートルずれ動き、しかも日本列島全体の陸域でも大規模で複雑な、上下・水平方向への地殻変動が起きていることがわかってきました。この変動による余効変動もいまだに起きており、富士山の載っている地殻も少なくとも数センチは変動しており、これが富士山の山体下15〜30キロメートルに広がる「マグマ溜まり」＊にも影響を及ぼしているのは間違いないように思われます。3・11の4日後に起きた静岡県東部地震は、そういった意味で、富士山の噴火が近づいている〝証〟かもしれません。なぜなら現在、富士山は〝水噴火〟＊の状態にあるからです。

なお、富士山についての詳細は各章末に分載した《コラム》をご覧ください。

一方、前述した史上最大の規模とされたチリ地震では、海底の地殻は約20メートルしかずれていませんでした。東日本大地震がいかに超巨大な地震であり、大津波を引き起こしたのかが、

＊**マグマ溜まり**　マグマは岩石が地下深くで融けて液体となったもの。そのためマグマは、周囲の岩石より密度が小さくなって上昇するが、周辺の岩石の密度と等しくなった、いわば釣り合いのとれた深さで止まる。このようにして、マグマが一定量溜まる場所を呼ぶものである。

地殻変動の規模からもうかがえます。２００４年に起きたスマトラ沖地震でも、長さ１２００キロメートル、幅１００キロメートルの断層面が動いたのですが、このときでさえ、海底地殻は平均して７メートルしか動いていません。

地震と火山噴火が連動していることをグラフで表わす

しかし、火山の噴火と地震の相関関係があまり考慮されなくなっていった経緯については、背後に避けて通れない大きな問題が生じていたからです。

３・11東日本大地震以降、この地震の原因についてテレビや新聞・雑誌などで何度となく、大陸側のプレート（岩板）の下に海側のプレートが潜り込んでいき、そのゆがみが蓄積されていくうち、沈み込む陸側のプレートが跳ね上がる一瞬が大地震だという説明図を目にしているはずです。このように、プレートどうしのぶつかり合いと、プレートの下に他のプレートが潜り込んでいくプロセスを解明しようとしたのが、プレートの物理学である「プレート・テクトニクス理論」です。

そして、そのイラストを見るたびに、プレート・テクトニクス理論とはそういうものだとわかったつもりになって、それ以上の疑問を差し挟むことはなかったはずです。

たしかに、プレート・テクトニクス理論だけでも、地震の起こるわけはある程度説明できます。けれども、火山噴火のメカニズムについては、じつはうまく説明できていないのです。そ

＊**水噴火**　松代群発地震で見られた現象で、広域にわたって地下水が大量に湧出したことをいう。噴火の一形態で、東日本大地震以降、富士山直近の富士宮市で大量の地下水が噴出したり、幻の“赤池”が出現したことなどを指す。この間の推定噴出量は1000万立方メートルを超える。

もそもプレート・テクトニクス理論は、プレートをまったく変形を起こさない「剛体」として扱ってきた理論です。ということは、プレートどうしがぶつかってもプレートは剛体だから変形しないはず、ということになります。となると、火山のマグマ溜まりには変形が及ばないことになり、したがって、地震と噴火は無関係、ということになってきます。

けれども地殻とマントルが一体となった「弾性体モデル」で考えてみると、まったく違った結論が出てきます。プレートの圧縮応力により弾性体は変形し、マグマ溜まりを押し縮めてマグマが地上に噴出するよう、噴火を促進します。この見方を採用すれば、結局、地震と火山はともに、深い関係があることになります。この考え方については、本文で詳しく触れていきます。

地震と火山噴火の関係を詳細に調べていった木村氏は、火山噴火と地震の深い〝時空関係〟を、最終的には「噴火と地震の時空ダイヤグラム」にまとめ上げ、実際に地震の予知に生かしてきました。過去のデータから、近くの火山噴火ほど、地震が起きるまでに時間がかかり、逆に遠くで火山が噴火すると、地震が起きるまでの時間はもっと短縮される……つまり、〈噴火した火山から遠いところから、地震が始まる〉という原則を突き詰めていったのです。普通、火山に近ければ近いほど、噴火から短い時間で地震が起きそうなもの、と考えがちです。本文では、火山から地震の震央までの距離と、火山噴火と地震の発生間隔をグラフで表わしていったプロセスを、紹介しています。そのようにして、「火山噴火は、巨大地震の前触れである」

①

地震と連動する火山噴火

火山噴火においてもプレートの動きと関係しており、1980年のセントヘレンズ火山の大噴火はそれを如実に証明した（①——p.54ほか参照）。日本では1991年の雲仙・普賢岳の大噴火（②）は密接に地震と関連し、“木村メソッド”（p.123 ほか参照）が確立していく。③は大島・三原山の火口を調査する木村氏

②

③

ことを立証していったのです。

木村氏は、とりわけ２０００年代に入ってからは、「日本列島断層」（後述）に沿うような形で地震の震央が南下する傾向にあることをつかみ、直下型地震や日本列島断層外縁で起こった地震も予測してきました。そして、兵庫県南部地震をはじめとして、新潟県中越地震、石垣島南方沖地震、鳥取県西部地震などの発生を事前に予測し、火山噴火に関しては、１９８６年の伊豆大島・三原山の噴火、１９９１年の雲仙・普賢岳の噴火、そして２０００年の三宅島噴火予測などにも成功しています。

しかし木村氏は、実際にどういった手法と分析で、過去の地震データから桁《けた》はずれな超巨大地震＝東日本大地震の発生を予知できたのでしょうか？　東日本大地震が予知できたプロセスを丹念に検証することにより、これから起こる地震の予知にも生かせる〝手法〟が発見できるかもしれません。また、予知の精度を上げていくこともできるかもしれません。そのさまざまな手法は、《第3章》で詳述していきます。

超巨大地震の連鎖と火山噴火はいまだに連続している

地震の記録が比較的はっきりしている１９００年以降の歴史的な巨大地震をみても、Ｍ９クラスの超巨大地震の発生回数は地球全体で6回しかありません。ところが２００４年以降は、たった8年足らずの間にＭ９以上の超巨大地震が2回、そのＭ９クラスに肩を並べるほどの巨大地震が1回、集中して起きています。

　このケースと似たような超巨大地震の集中発生は、１９５２年～１９６４年にも起きていました。このときは、M９・０以上の地震が4回も発生しており、なかでも特筆すべきなのは、再々述べますが１９６０年に発生したチリ地震です。このとき日本は、太平洋を縦断して日本に襲来した「チリ地震津波」により死者・行方不明者１４２人の被害を被っています。このチリの超巨大地震は、先記したように史上最大の規模で、その記録はいまだに破られていません。けれども、20世紀から21世紀にかけての超巨大地震のこのような集中発生は、いったいなぜ起きたのでしょうか？

　これも本文にて詳しく紹介しますが、この間の急激な地殻変動はプレートの噴き出し口にあたる東太平洋海膨《かいぼう》（＝イースト・パシフィック・ライズ、東太平洋の海底深く横たわる巨大山脈）で巨大噴火があったことが原因のようです。海嶺が一気に裂けてプレートを急激に押し出し、その圧縮応力が環太平洋周辺の各プレートに伝わった可能性が指摘されています。太平洋東岸でセントヘレンズやエルチチェン、ネバドデルルイスなどの噴火、太平洋西岸にあたる日本でも三宅島、伊豆大島・三原山の噴火、そして今まで名前さえよく知られなかったような山々も含めた火山の大噴火シリーズが始まり、それからおよそ25～35年たって、各プレートの境目で次々に巨大地震が発生しています。

　スマトラ島沖地震とその最大余震を筆頭に、巨大地震はインド洋、アラスカ、カムチャツカ、チリ、ニュージーランド、三陸沖と「東太平洋海膨」を中心に環太平洋全体を一周する勢いで起きています。一方、東太平洋海膨の圧縮応力は地球の反対側の大西洋中央海嶺にも及び、これまで注目すらされなかったアイスランドのエイヤフィヤトラヨークトル火山の巨大噴火を引き起こしています。このときは、ほぼヨーロッパ全域にわたって火山灰が舞い、28空港が閉鎖されたので、この噴火を覚えている読者の方も多いことでしょう。アイスランドは世界でも珍しく、大西洋中央海嶺が島を横切って地表に顔を出しているところで、地震と噴火の関連を扱うプレート・テクトニクス理論とマントル・プルーム理論を考えるうえで非常に貴重な、目に見える〝実例〟となっています。

３・11東日本大地震も、そのようなグローバルな超巨大地震のシリーズのなかの地震としてとらえると、理解しやすいでしょう。地球という球体を覆う数十枚のプレートが、１９６５年以降、一気に活発に動き出し、よりいっそう押し合いへし合いが激しくなって、全世界の地震・火山活動を活発化させている、とみていいのでしょう。

以上、本書の目指すところを述べましたが、地震の〝予知〟を考えていくうえでも、また〝来るべき地震像〟を明らかにするためにも、まずそのメカニズムを知る必要があります。

ここから、スタートの《第1章》では、いわばより高く飛ぶために助走するように〈巨大地震の発生はなぜ避けられないのか?〉として、地震の成り立ちを見ていきましょう。

Verification:Earthquake which occurs directly beneath Tokyo and giant earthquake

第1章

巨大地震の発生は どうして 避けられないのか？

1-1

地震を起こす〝流動する大地〟

日本に地震はなぜ多発するのか？

世界で起きる地震のうち約2割が日本で起き、世界の活火山の7％が日本に集中しています。日本列島とその周辺では、世界の人口密集地でも珍しく四つのプレート（岩板）が、ひしめき合っているからです。そのため、地震と火山噴火の多発地帯になっています。

地震はさまざまな断層運動によって起こり、日本近辺ではその起こる原因によって、おおまかに五つのタイプに分けることができます。

3・11東日本大地震のあと、東海・東南海・南海地震が連続して起きる〝3連動型巨大地震〟が間近に迫っているのではないかとして、脚光を浴びているのが、「プレート境界型地震」です。そのほか、内陸の地殻内で起こる「内陸直下型地震」、プレートの内部で起こる「スラブ内地震」、それに内陸部の活断層を震源とする地震＝「活断層帯地震」があります。さらに、火山体の下のマグマの動きに関連があると思われる「火山性地震」などがあります。

地震はなぜ起きるのか、その仕組みを理解するには、地球ができたての頃から抱えている問題を考える必要があります。ただ、とりわけ巨大地震については、場所を選ばず起きているというわけではなく、ほぼ決まった領域で繰り返し起きているケースが多いのです。３・11東日本大地震も、『日本三代實録《さんだいじつろく》』という文献にある、８６９年に起きた貞観《じょうがん》地震とほぼ同じ領域で起きた巨大地震だったことが確かめられました。しかも、東日本地震で発生した大津波が襲ったところは、貞観地震のときに大津波に襲われた地域をカバーしているだけでなく、さらに奥深くまで及んでいることが、調査によってわかってきました。

それについて、ここではまず最初に、プレート間で起きる巨大地震を取り上げます。図１は、１９７５〜１９９４年に世界で起きたマグニチュード＊（Ｍ）４以上の地震（深さ１００キロメートル未満で起こったもの）を、地図上にプロットした（点で示した）ものです。地球全域で起きている地震が、どのように分布しているかを、地震の震源をプロットすることで示した図というわけです。これを見ると、地震が帯状の地域で起きていることがよくわかります。

次に図２を見てみましょう。この図は、世界の主なプレートと、20世紀半ば以降から現在までに起きた巨大地震の震源も書き込んであります。図２を見るとおわかりのように、巨大地震はすべて、プレートの境目で起きています。

しかもこの２枚の地図は、非常によく似ています。プレートとプレートの境目が、大きな地震の起こった場所と、ほぼぴったり一致しています。つまり大地震の多くは、プレートとプレートの境界付近で起こっています。そのため、このタイプの地震は「プレート境界型地震」、

＊**マグニチュード**　地震規模の大きさを表わすが、計算の仕方によりさまざまな種類がある。「気象庁マグニチュード」は小刻みな（周期の短い）揺れから算出。「津波マグニチュード（Mt）」は津波の大きさから算出する。「モーメント・マグニチュード」はp.110 からの詳述を参照。

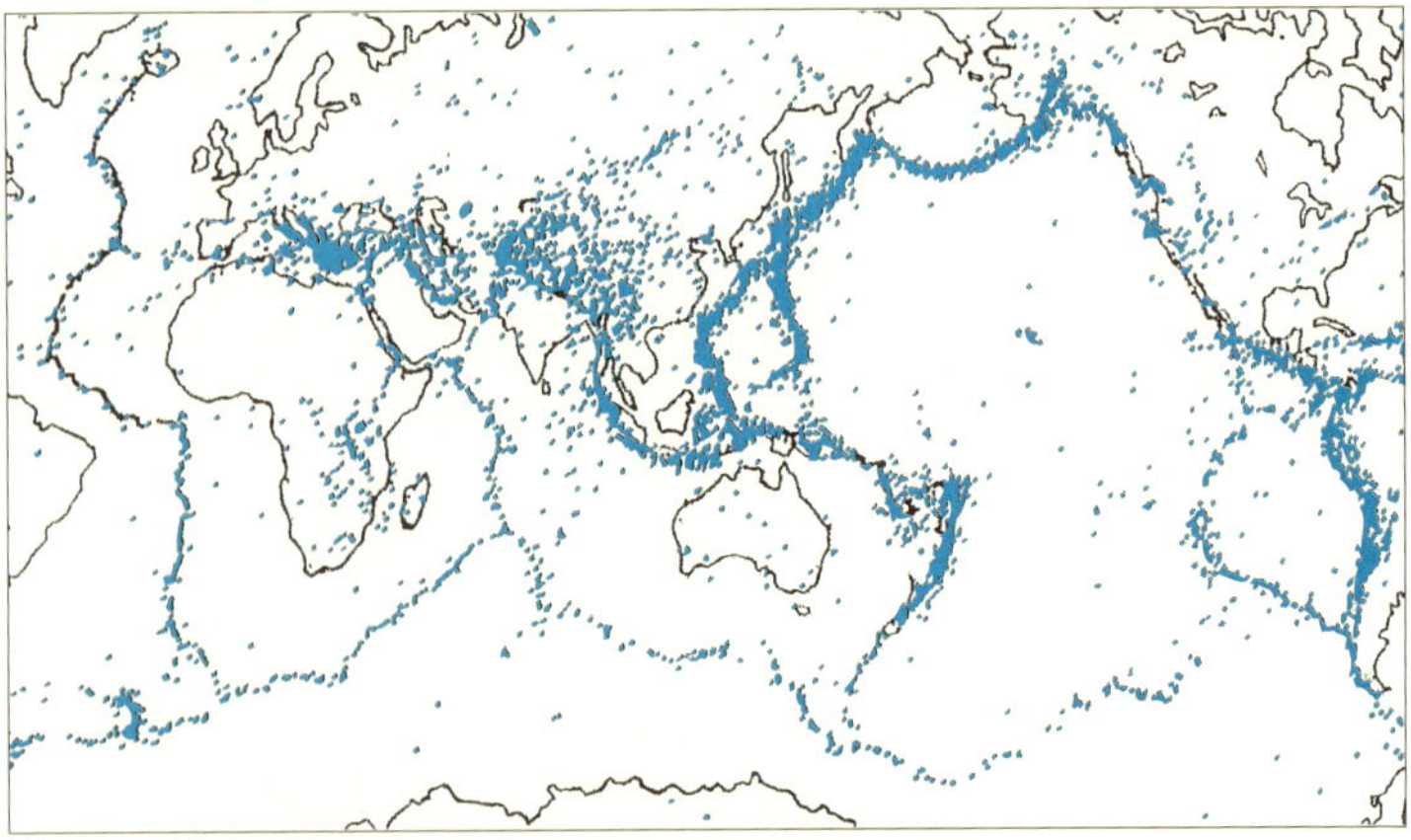

図 1● 世界地震分布（M≧4.0、深さ100km 未満：1975～1994年）
——地震が帯状の地域に生じていることがよくわかる
（国際地震センターISCの資料による）

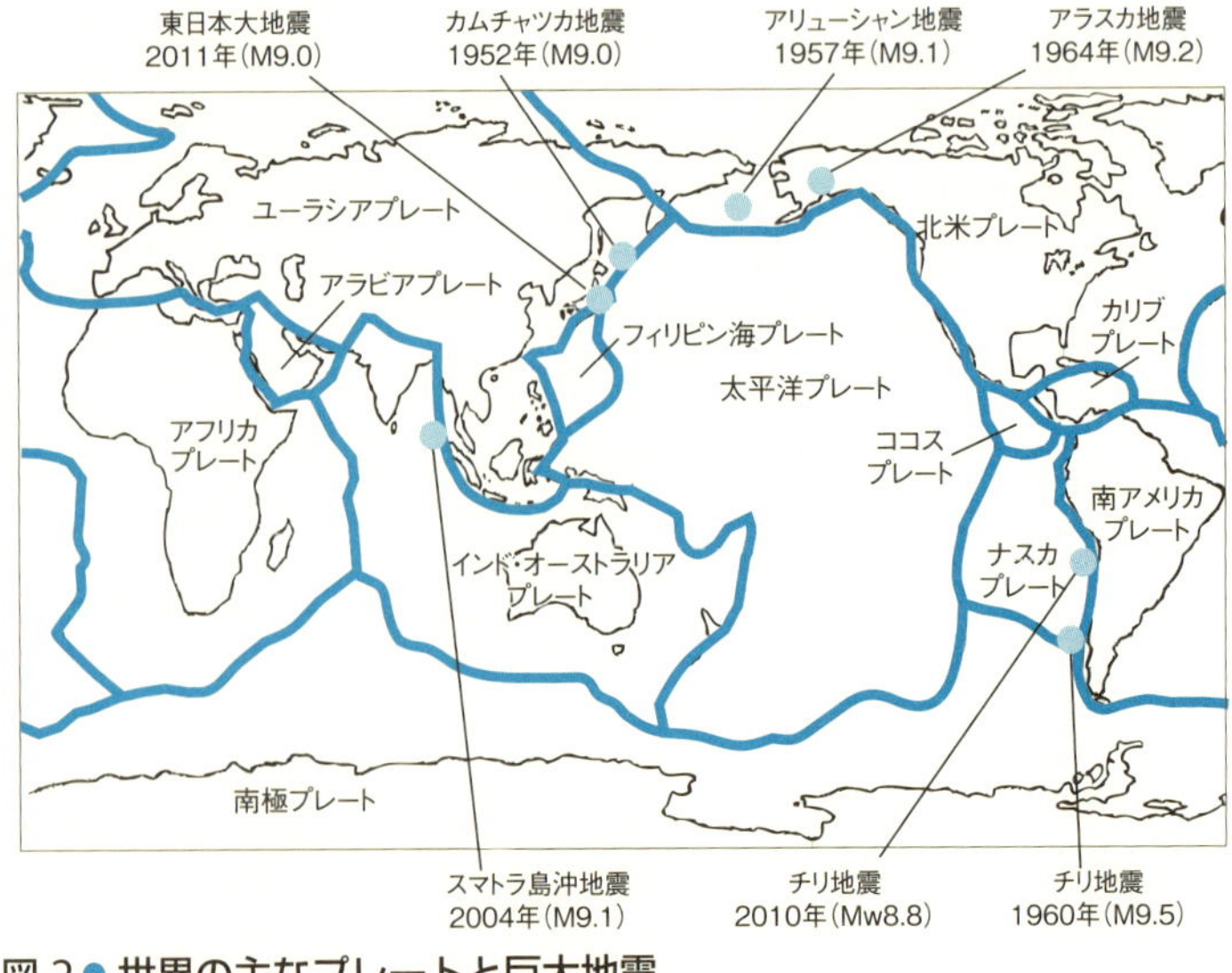

図 2● 世界の主なプレートと巨大地震

もしくは「プレート間（海溝型）巨大地震」と呼ばれています。

プレート境界では巨大地震もしくは超巨大地震が起こりやすく、じつは広大な面積を持つ断層が、連続して割れたために起きているようです。２００４年のスマトラ沖地震や２０１１年の東日本大地震は、複数の断層が連続して割れ、広大な面積が震源域となった超巨大地震です。

東日本大地震の場合、海側のプレートが日本海溝沿いに沈み込んでいくところで、三陸沖中部から茨城県沖までの陸側のプレートとの境界全域が、南北に長く延びた広大な震源域となっていました。

３・11東日本大地震が起きたあと、読者の皆さんは、この地震の原因について、テレビや新聞、雑誌などで何度となく示された解説図を記憶している方も多いと思います。大陸側のプレートの下に海側のプレートが潜り込んでいき、そのひずみが蓄積されていくうち、沈み込むプレートに巻き込まれた陸側のプレートが跳ね上がる一瞬が大地震だ、という説明図をよく目にしたはずです。ではまず最初の疑問、プレートはなぜ、生み出されたのでしょうか。そして、プレートとプレートがぶつかるとはどういうことなのでしょうか。

地球を冷ます〝対流〟でプレートが動き、地震と火山噴火が起きている

できたての頃の地球（原始の地球）は、微惑星の衝突で生じた莫大な熱と、水蒸気を主成分とする原始大気の保温効果によって地表はマグマの海（マグマ・オーシャン）で覆われ、原始

地球の中心部に向かって比重の重い鉄などが落下することにより、熱い「核」がつくられていました。マグマとは、岩石が融けたもののことを指しています。

さらに、半減期の長いウラン、カリウム、トリウムなどの放射性物質も重要な熱源となっていました。岩石に含まれる放射性元素による放射性崩壊（たとえばウラン２３８のような放射性元素が、α線やβ線、γ線などのエネルギーを放出しながら長い年月をかけて別種の放射性元素になり、鉛２０６になってやっと安定します）などで大量の熱が発生していたのです。

放射性物質の原子核は、放射能を出すことにより異なる種類の原子核になります。放射性物質が崩壊によって元の半分の量に減るまでの時間を「半減期」といいますが、ウラン２３８が崩壊してできるプルトニウム２３９は半減期が2万４０００年、ネプツニウム２３７は半減期が２１４万年と、きわめて長寿命の放射性物質が生成されます。

原始惑星の頃の「余熱」や、地球ができるときに取り込まれた放射性物質の「発熱」によって、誕生から46億年もたった今でさえ、硬い地殻で覆われた地球の内部はいまだに高温を保っています。

もしこうした膨大な熱をなんらかの方法で宇宙空間に放出できないとなると、地球はいまだにドロドロに融け、地表はマグマ・オーシャンで覆われていたかもしれません。

けれども実際には、地球内部のコア（核）の上半分（外核）が融けているだけです。地球はこれ以上熱くならないために、熱をうまく岩石圏から地表へ、そして宇宙空間へと逃がしているのです。この膨大な熱を逃がすために、地球は三つの方法を採っています。

①海嶺《かいれい》（海底の大山脈＝後述）でプレートをつくりだすこと。

②マントルが地球内部の熱を外部（宇宙空間）に効率的に逃せるよう、図３のコアから「岩流圏（アセノスフェア）」へ、さらに「岩石圏（リソスフェア）」から地表へと、熱伝導により熱を上部に逃すこと。つまり、マントルを対流させることにより、熱を上部へと逃がす。

③ハワイやアイスランドの「ホットスポット」＊に見られるように、溶岩や火山ガスとして、マントルから直接物質を出すことにより、熱を放出する。

ここでは、マントルが「対流」という現象を通して、放熱する過程を見てみましょう。図３は、地球の内部の構造を表した模式図です。「内核」は地球のいちばん中心部にあたり、約６０００℃もの高温です。一方、地表は海の水温や大気の温度と同じ程度まで冷やされています。このため、主に珪酸質からなる岩石でできたマントルは対流を起こし、この運動によって地球内部の熱は外部へ、宇宙空間へと逃がされています。

地球の体積の約80％以上を占める岩石の層からできたマントルでは、深部から湧き上がる上昇流や、地表から沈み込む下降流があることがわかってきました。

図３で、地殻とマントルの最上部が一体となった、厚さおよそ１００キロメートルほどの部分が、プレートと呼ばれる岩板で、硬い板状をしており、その下にある流動性の高いマントル

＊**ホットスポット**　プレートより下のマントルで生成すると推定されているマグマが湧き上がってくる場所、もしくはマグマが湧き上がってくるために海底火山が生まれる場所を指す。典型例はハワイ諸島などで、それら北から順に海底火山や火山島が並び、プレートの動きと重なった。

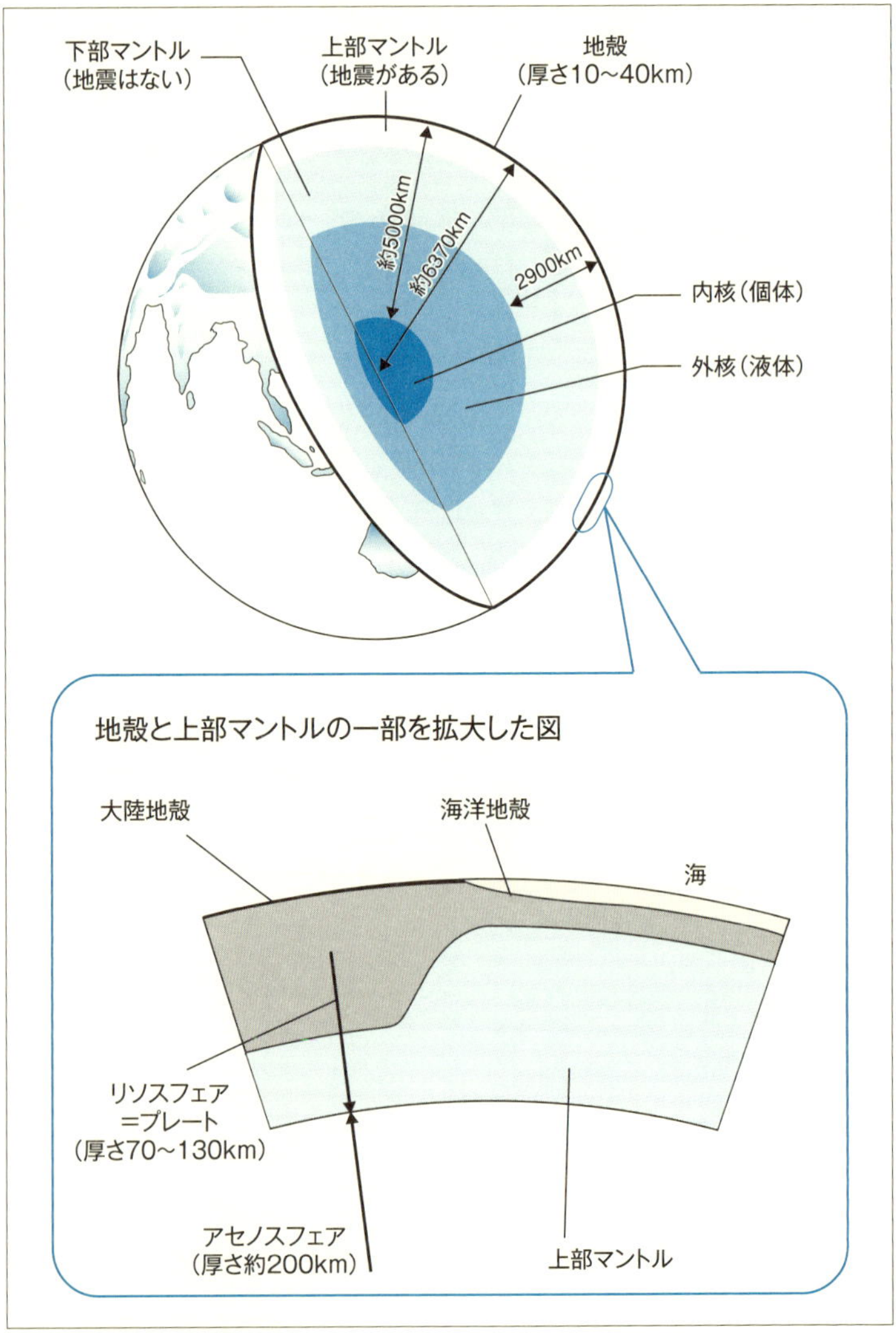
下部マントル
（地震はない）
上部マントル
（地震がある）
地殻
（厚さ10〜40km）
約5000km
約6370km
2900km
内核（個体）
外核（液体）
地殻と上部マントルの一部を拡大した図
大陸地殻
海洋地殻
海
リソスフェア
＝プレート
（厚さ70〜130km）
アセノスフェア
（厚さ約200km）
上部マントル

図 3 ● 地球の内部構造

の上を移動します。また、地下へ沈み込んだプレートは「スラブ」と呼ばれています。

つまり、プレートが移動するということは、地球を冷ます対流が地表に現われた部分を見ていることになります。地球内部が冷え切っていれば、プレートが動くこともないはずです。

このようにして地球は、次の項で述べる「海嶺」や「海膨」でプレートをつくりだして、膨大な「熱」を内部から外部に運んでいるのです。太平洋東部をタテに走る海膨は、北極や南極をぐるりと回って大西洋中央部をS字状に縦に走る海嶺につながり、この海嶺や海膨でプレートを次から次へとつくりだし、地球の東西方向に押し出しています。これが、プレートが移動することの、本来の意味なのです。そのため、海側のプレートが太平洋や大西洋を取り巻く陸側のプレートの下に潜り込もうとして押し合いへし合いし、プレートどうしのきしみが生じて地震が起き、また火山が噴火するのです。地震と噴火のメカニズムを知るためには、地球内部の構造を知っておくことが不可欠になってきます。

海嶺から生まれたプレートが太平洋と大西洋の両岸を圧迫

プレートはだいたい、1年間に10センチメートルというゆっくりした速度で動いています。地球の表面には、プレートの噴き出すところ（プレートが生み出されるところ）と、プレートの沈み込むところがあります。プレートの湧き出すところを「海嶺」といい、ここからマントル内のマグマが噴き出し、やがて冷やされて硬いプレートになります。海嶺でつくられたプ

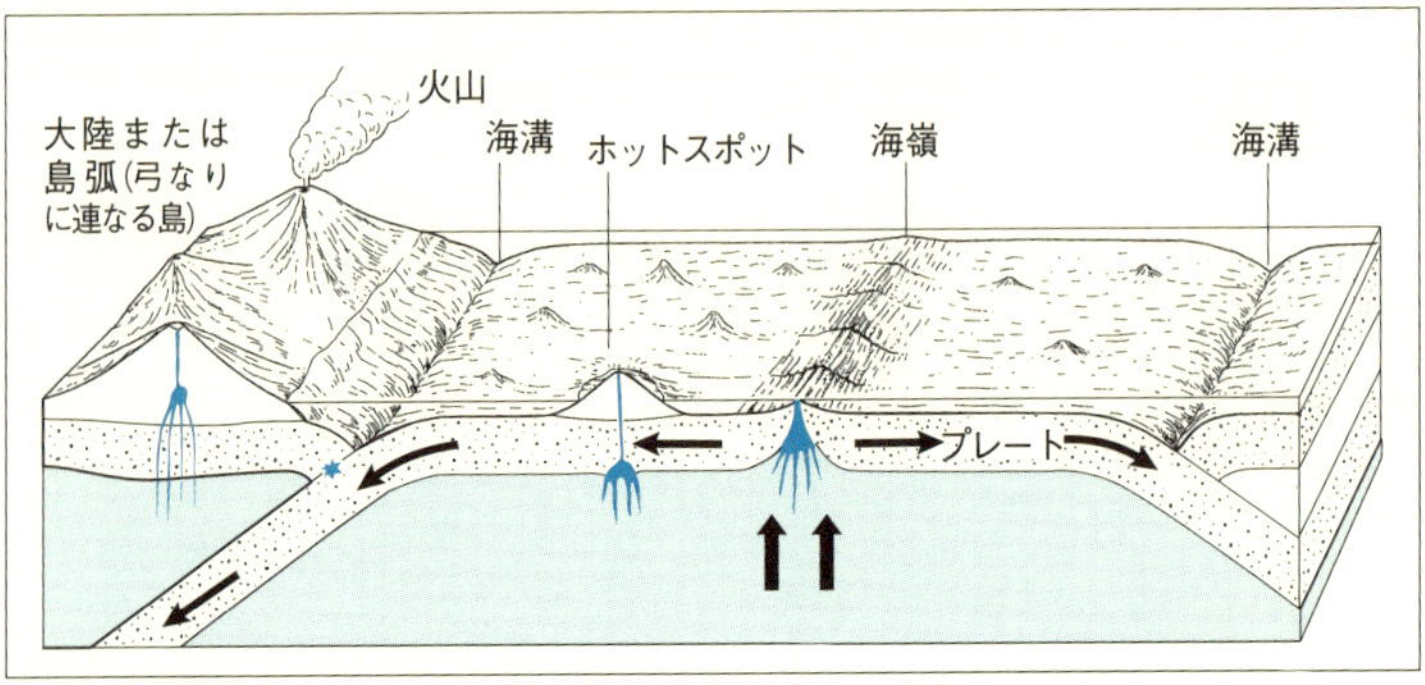

図4● 海嶺（プレートの噴き出すところ）と海溝（沈み込むところ）

レートは、ゆっくり移動して（約2億年ほどかけて）大陸のプレートにぶつかり、比重の重い海洋プレートが大陸のプレートの下に沈み込んでいきます。その沈み込むところが「海溝」にあたります。沈み込んだプレートはやがて溶け、再びマントルの一部となって対流すると考えられています（図4参照）。

海嶺は、大西洋から太平洋へと、地球をぐるりと取り巻いている、地殻を生み出す海底の大山脈のことだと思えばいいでしょう。この海底の大山脈からあたかも火山が噴火して溶岩を吐き出すように、マグマが吐き出され、やがて冷やされてプレートになる、と考えられています。地球の表面がサッカーボールの縫い目のようにプレートで分けられているとすれば、ちょうどその縫い目の部分で、押し合いへし合いしていることになります。

実際には1枚の巨大なプレートではなく、複数枚のプレートが寄り集まって地球の表面を覆っています。今のところ、プレートは全地球で15枚程度あるとする説が主流ですが、さらに細かく分割されている、とする説もあります。

よく私たちが、大地や海底の岩板として知っているつもりの「地殻」の厚さは、わずか10〜40キロメートルしかありません。これを地球の直径１万２７５６キロメートルと比べれば、たった０・０８〜０・３％ほどの厚さしかないことになります。地殻の下には、橄欖《かんらん》石（マグネシウムや鉄などの珪酸《けいさん》塩化合物の一種）を主成分としたマントルが存在しています。このマントルの上部は硬くがっちりした固体（どんな力を受けても形や体積を変えない「剛体」だといってもいいものです）で、地殻と併せて岩石圏（リソスフェア）をつくっており、「プレート」という名称も、この部分を指しています。リソスフェアの下にあるマントルは、岩流圏（アセノスフェア）と呼ばれており、同じく橄欖石が主成分なのですが、流動性は高く、ゆっくりと対流しています（図３の地殻とマントルの図を参照してください）。

これらのプレートは固定されているわけではなく、各プレートによって多少の違いはありますが、１年に約10センチメートルという速さで動いているとされています。

プレート・テクトニクス理論によれば、地震が発生するのは地球の表面を海側のプレートがゆっくりと動いて、隣接する陸側のプレートの下に潜り込もうとするからだ、としています。

プレート・テクトニクス理論は、こうした地殻の流動を圧縮応力とひずみという力学的な側面から説き明かそうとした理論です。プレート（岩板）が地球という球面の上を、剛体（どんな力を受けても形や体積を変えないもの）として変形することなく、水平に回転運動をするということで海陸の移動、地震、火山、山脈の形成など、地球上のさまざまな変動・変化を突き詰めようという〝学問〟です。

ただ、プレートを剛体と限定して考えると、地震と火山噴火の関係を説明し切れません。これについては、のちほど詳しく触れていきます。

地表を覆うプレートは、大陸プレートと海洋プレートに分けられます。海洋プレートが生み出される海底には、地下深くにあるマントル層からマントルの柱（マントルプルーム）が湧き上がってくる、「中央海嶺」と呼ばれる帯状の巨大なプレートの裂け目があります。海底のこの縫い目から新しいプレートが誕生しているのですが、この中央海嶺は、球体である地球を東部太平洋の海底（海膨《かいぼう》）から大西洋中央海嶺へとぐるりと1周して取り巻いています。

マントルプルームにより、海底近くまで上昇したマントルは、地下の高圧力から解放され、高温でどろどろに溶けたマグマとなります。このマグマは海底に達すると海水で冷やされて新しいプレートとなり、海洋プレートをどんどん押し出そうとします。中央海嶺付近で押し出された古い岩板は地球上を東西方向に広がっていき、隣接する陸側のプレートとぶつかり合うことになります。

この項の冒頭で述べた「海嶺」は、太平洋では「東太平洋海膨」と呼ばれる、太平洋東部にある長大な海底山脈で、地球を連続的に取り巻く中央海嶺帯の一部をなしています。海膨というのは、大西洋の中央海嶺と比べて（海底山脈としての）傾斜は比較的緩いのですが、成因は海嶺とほぼ同じです。イースター島やガラパゴス諸島を経てカリフォルニア湾南部に達する。この海膨の延長は、カリフォルニア湾から上陸し、メンドシノ岬から再び海底に入り、北上して地球の反対側の海嶺とつながっています。

大西洋の海嶺は「大西洋中央海嶺」と呼ばれ、大西洋の中央部を南北にS字状に走っている、地球上で最大の海底大山脈で、ここが大西洋における海底地殻の湧き出し口になっています。

この大山脈の頭頂部には「中央地溝」と呼ばれる深い裂け目が走っており、浅発地震もここで集中して起こっています。アイスランド、アゾレス諸島、アセンション島などは、この海嶺の火山・地震活動によって形成されています。アイスランドは、この中央海嶺の裂け目が地上にむき出しになっていて、地上で観測できる世界的にも珍しいところです。土地の人は、この中央地溝のことを「ギャオ」と呼んでいます。多くの人にとって名もよく知られていない火山が２０１０年、突然大噴火したのも、この中央海嶺の仕業なのです。

地球の裂け目（海嶺）から押し出されプレートは、それぞれ地球を東西方向に向かって進んでいきますが、その先でほかのプレートにぶつかり、〝地殻〟にひずみを生じさせます。このひずみが溜まっていって限界を超えたときに起こるのが、プレート境界型地震なのです。

太平洋の東太平洋海膨から湧き出たプレートは、太平洋の東岸では北米プレートやナスカプレート、南米プレートなどとぶつかり、北米ではロッキー山脈、南米ではアンデス山脈をつくり、高く押し上げていったのです。太平洋の西岸では北米プレートやユーラシアプレート、フィリピン海プレート、インド・オーストラリアプレートとぶつかり、伊豆諸島ができたり、富士山が高くなった原因となっています。

　地球上のいくつものプレートがこのように押し合いへし合いするうち、互いのプレートが強い圧力を加え合い、それが限界を超えたときに地震となり、私たちを襲ってくる、ということになります。

　そのため、地球上で起こる巨大地震のほとんどがこのプレートの境界付近で起きています。地震の震源は、見事にプレートの境界線と重なり合っています。図1と図2がぴったり重なり合う〝根拠〟でもあるのです。日本列島付近では四つのプレートが重なり合っているため、日本列島全体が震源を表す黒い点で覆い尽くされ、真っ黒になっています。それほどに日本は、〝宿命的に〟地震の多い国なのです。

環太平洋の地震・火山活動はなぜ活発になったのか？

　前項で、多少詳しすぎるくらい、プレートを生み出す海嶺（海膨）について触れてきました。それには、じつははっきりしたわけがあってのことです。プレートを生み出す海嶺はどうも数千年に一度、爆発的に地殻を破って海底へとマグマを噴出（供給）しているようなのです。その結果、何が起こったのでしょうか？　地震の大きさ（規模）を表わす指標＝マグニチュードで表現すると、最大規模とされているM9以上の超巨大地震は、世界全体を見渡してもめったに発生しません。

地震の記録が比較的はっきりしている１９００年以降をみても、Ｍ９クラスの超巨大地震の発生回数は地球全体で６回しかありません。ところが２００４年以降は、たった８年足らずの間にＭ９以上の超巨大地震が２回、さらにほぼＭ９クラスに肩を並べるほどの巨大地震が２回起きています。このケースと似たような超巨大地震の集中発生は、１９５２年〜１９６４年にも起きています。このときは、Ｍ９・０以上の地震が４回も発生しており、なかでも特筆すべき超巨大地震が、１９６０年に発生したチリ地震（Ｍ９・５）です。このとき日本は、太平洋を縦断して日本に襲来した「チリ地震津波」により死者・行方不明者１４２人の被害を被っています。この２回に分けての超巨大地震の集中発生に関しては、そのとき起きた超巨大地震の発生場所を図２に示してあります。参考にしてください。

超巨大地震は、桁《けた》はずれのエネルギーを持っています。震源での地震の規模を示すマグニチュードの数値が「１」上がるだけで、地震の規模（エネルギー）は32倍になります。したがって、Ｍ８の地震はＭ６の地震の約１０００個分（32の２乗分、32×32として計算）のエネルギーを持っています。今回起きた東日本大地震はＭ９・０なので、Ｍ６の地震の３万２８００個分（32の３乗分、32×32×32）のエネルギーを持っていることになります。Ｍ６の地震の持つエネルギーは、広島に落とされた原爆（20キロトン）のエネルギーとほぼ同じなので、Ｍ９クラスの超巨大地震は、広島に落とされた原爆３万２８００個分に相当する莫大なエネルギーを放出したのです。

けれども、このような巨大地震の集中発生は、いったいなぜ起きたのでしょうか？　実はその謎を解く〝鍵《キー》〟が、海嶺（海膨）の爆発的な溶岩噴出にあったのです。これはまだ仮説にすぎませんが、もしかしたら東太平洋海膨の〝間欠的な海底拡張〟（巨大噴火）と関係があるかもしれないのです。

じつは１９７２年、このプレートをつくりだす海嶺が一気に開いて大量の溶岩を噴き出したのではないかという調査結果がもたらされました。ここでいう海嶺とは、東太平洋海膨《イースト・パシフィック・ライズ》のことを指しています。

ここでもう一度、地球全体を覆うプレートを見てみましょう。先ほど掲げた図2とはネーミングやエリアなど多少違いますが、この図5は米国地質調査所の手になるもので、プレート境界とプレートの移動速度、移動方向も書き添えてあります。

東太平洋海膨の、カリフォルニア沖からガラパゴス沖に至る何千キロもの広大な距離にわたって、１９６５年頃に海底で巨大噴火が発生し、溶岩が流出したというのです。噴火はこの一度だけで、それ以降はなかったということです。カリフォルニア大学のケン・マクドナルドたちは、サイドスキャンソナーを用いて海底を探査している最中、ガラパゴス諸島の南西およそ１２００キロメートルで溶岩原を発見しました。このとき、海底からの音波の反射がにぶいことから堆積物の覆いがないと判断、新鮮な溶岩と同じように鮮明な音響画像が5万３０００

エーカー（約21万４４８４平方キロメートル）の広さにわたって得られています。

この年、その溶岩原の南西方面で、海底火山噴火のトレーサーと見なされる、２０００キロメートルの長さにわたるヘリウム3のプルーム（海中から噴き出す熱流などの柱）が発見されています。これは計算により、溶岩原における噴火と関連のあることがわかっています。

溶岩に覆われた地域一帯は、バハカリフォルニアからイースター島までの、東太平洋海膨のほとんどを占め、３５００キロメートルの長さにわたっていました。噴火は、海膨の拡大中軸付近から始まり、そこから斜面下に流出し、崖や谷を越えて20キロメートルまで下がったように見えます。溶岩に覆われた崖の高さから、噴火物量は15万立方キロメートルと見積もられています。

これまで最大とみなされている溶岩の流出量は、アイスランドのラキ火山（１７８３年噴火）の15立方キロメートルとされており、一方、有史以前の玄武岩*の流出量はそれより数千倍大きいことになります。この15万立方キロメートルという数字がもし確かなら、このとき発見された溶岩流は、有史以来、最大の規模となります。

何よりこの発見が画期的なことは、新しい海洋性地殻が形成される方法は、従来考えられていたより、もっと〝間欠的〟なものかもしれない、ということです。これまで「海底拡張」については、いわば決して癒着しない傷のようなもので、マグマはじっくりと流れ出すと考えられてきたのです。この発見に即して、海洋底が定常的に押し広げられていくというモデルはお

＊**玄武岩**　黒色、または暗灰色の細かく緻密な岩石で、長石と輝石を主成分とし、全火山岩の95％以上を占める。伊豆大島・三原山の溶岩が流れ込んだ浜辺などで見つかる。

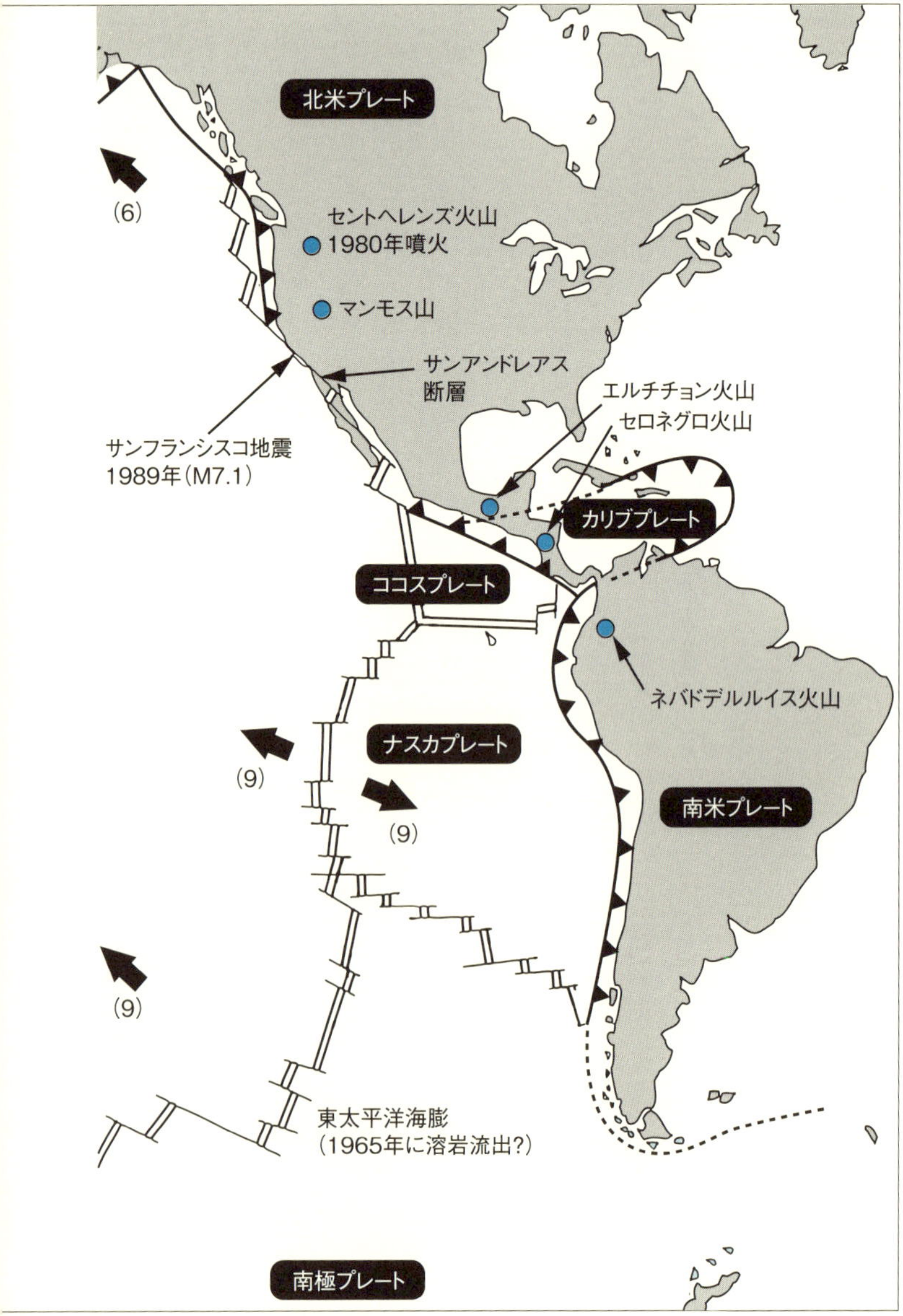
北米プレート
(6)
セントヘレンズ火山
1980年噴火
マンモス山
サンアンドレアス
断層
サンフランシスコ地震
1989年(M7.1)
エルチチョン火山
セロネグロ火山
カリブプレート
ココスプレート
ネバドデルルイス火山
ナスカプレート
(9)
(9)
南米プレート
(9)
東太平洋海膨
(1965年に溶岩流出?)
南極プレート

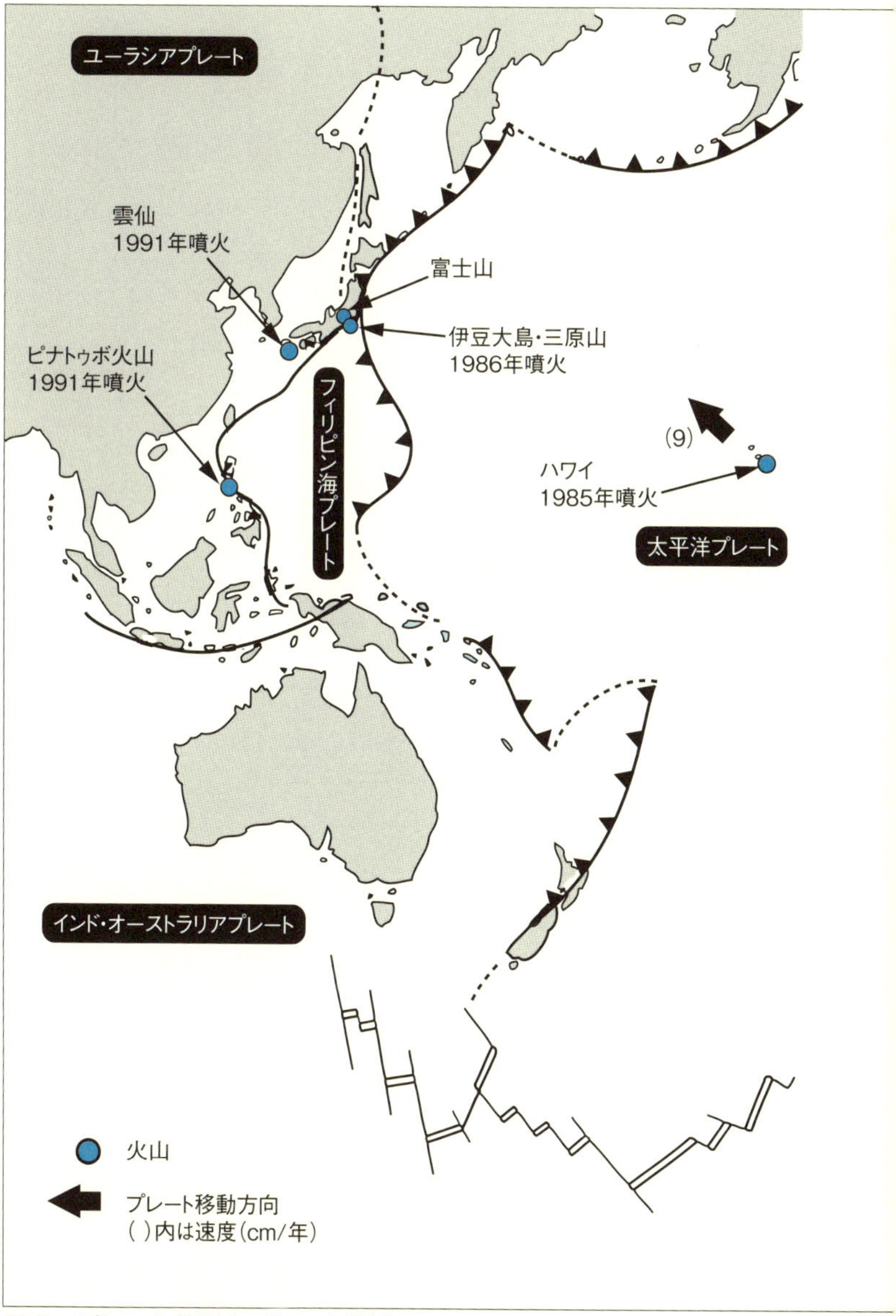

図5● プレート境界とプレート移動（1983年『アトラス・オブ・オーシャン』より）

かしいのではないかという論文も当時、イギリスの科学論文誌『nature』に掲載されています。
プレートが移動する速さは、東西の2方向にだいたい年間数センチから10センチほどですが、これは平均値。先ほどの観測結果が正しければ、実際には１００年間に1回くらいぐっと開くことがあるかもしれません。仮に東太平洋海膨でこのような間欠的な海洋底の拡大が起こったとしたら、環太平洋一帯で巨大噴火シリーズが始まったのもむしろ当たり前かもしれません。実際、太平洋の東岸では１９８０年のアメリカ・セントヘレンズ、メキシコのエルチチョン、コロンビアのネバドデルルイスといった、それまで無名だった山々が突如、大噴火しています。一方、太平洋西岸の日本でも、三宅島、伊豆大島・三原山、手石海丘、雲仙・普賢岳などの噴火が相次いで発生しています。

これはのちに火山と地震の関係を探る際に詳述しますが、日本での数多くの〈噴火→地震〉データによると、なぜか日本では火山活動が活発になった年から起算して35年±３年後に大地震が起こっているケースが、実際に数多く見受けられます。そして２００４年以降、スマトラ島沖超巨大地震をはじめとする環太平洋の超巨大地震シリーズが始まっていることは、今まで見てきたとおりです。

地球を冷やす三つ目の理由とした「マントルプルーム」*とこれによる「ホットスポット」については、紙幅の都合から略し、超巨大地震の発生に関してを見ていきましょう。なお、ホットスポットやプレート移動の模式図、断層の種類などについては、前著『なぜ起こる？　巨大

＊**マントルプルーム**　マントルの深部（上部マントル＝p.42掲載の図３参照）から地表に向かって上昇する柱（プルーム）のこと。ハワイ諸島は、上部マントルを経て上昇したマントルプルームが太平洋プレートを突き抜けて火山として噴出し、それが海山のように成長したものである。

地震のメカニズム』を参照していただければ、と思います。

超巨大地震はプレート境界で起きている

大陸プレートと海洋プレートが隣接しているところでは、海側のプレートが陸側のプレートの下に潜り込むようにして再びマントルの中に溶け込んでいきますが、その際、海側のプレートが陸側のプレートの端を巻き込むようにして、海底へと引きずり込みます。

一方、大陸プレートどうしが衝突すると、互いにぶつかり合っている場所が激しく隆起していき、巨大な山塊を形づくっていきます。その典型的な例が、インド・オーストラリアプレートがユーラシアプレートとぶつかってその境界にできた、世界の最高峰が連なるヒマラヤ山脈です。

また、２００８年に中国で起きた四川《しせん》大地震は、大陸プレートどうしの衝突による、中国大陸で起きた境界型地震でした。この場合も、インド亜大陸が載ったインド・オーストラリアプレートが、中国などを載せたユーラシアプレートを圧迫し、近辺の二つの断層を動かした結果起きた大地震です。

図6は、三つの断層のタイプと、ずれる向きが示してあります。プレートどうしの力が正面衝突することなく、互いが逆方向に向かってすれ違うような動きをする場合は、横ずれ型の「トランスフォーム型断層」といい、図6のいちばん上の図で示してあります。〝サンアンドレ

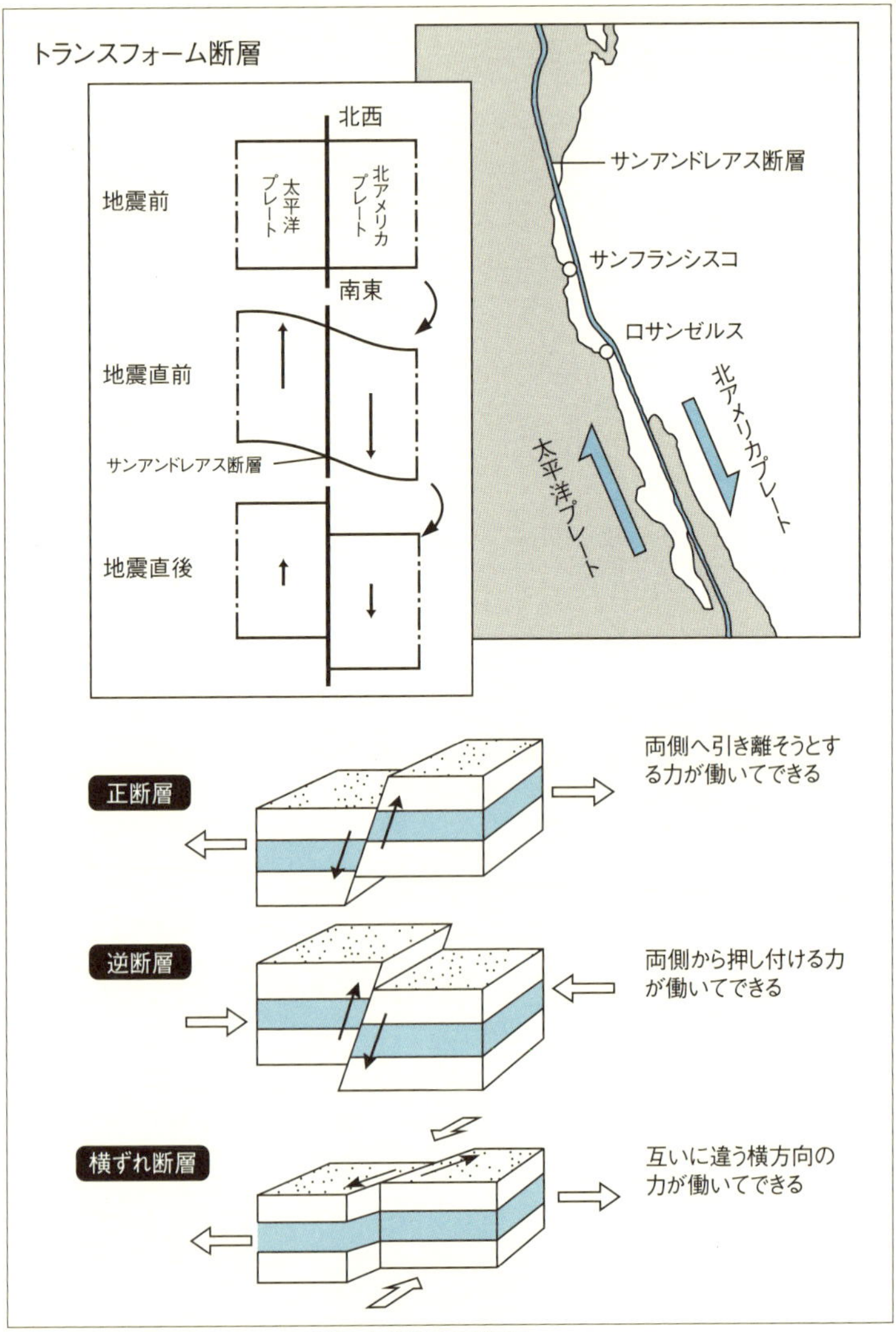

図 6● サンアンドレアス断層と断層の種類

アス断層〟がそれです。このタイプの断層は、しばしば巨大地震を起こすことがあります。前記したアメリカ西海岸のサンアンドレアス断層や、トルコにある北アナトリア大断層では、過去何回も大きな被害をもたらす巨大地震を引き起こしています。

図7は、3・11東日本大地震の起こった三陸沖で、発生が懸念されている地震を想定して描いた図です。ここでは左の陸側プレート（北米プレート）に、海側プレート（太平洋プレート）が潜り込んでいるところで起きると想定されている地震のタイプが描き込まれています。

北米プレートと太平洋プレートの境界で、海側のプレート（太平洋プレート）が落ち込み、海底に深い谷をつくっている場所を「海溝」といい、太平洋西岸に位置する日本列島の三陸沖の場合、「日本海溝」と呼んでいます。

また、「トラフ（舟状海盆）」と呼ばれる海底のくぼんだ地形も、深さは海溝ほどではないものの、同じように海側のプレートが陸側のプレートの下に潜り込んでいる場所で、舟状にくぼんでいるため、トラフと呼称されています。南海トラフなどがこれにあたり、これら海溝やトラフで発生する地震は「プレート境界型地震」、もしくは「海溝型地震」と呼ばれ、東日本大地震がまさにこれにあたります。M9クラスの超巨大地震になることもあり、津波が発生する危険があります。

3・11東日本大地震のような巨大地震が起きた場合、その後も続いている地殻の変動のことを「余効変動」といっています。巨大地震によって大地が急激に動いたあと、基本的にはその

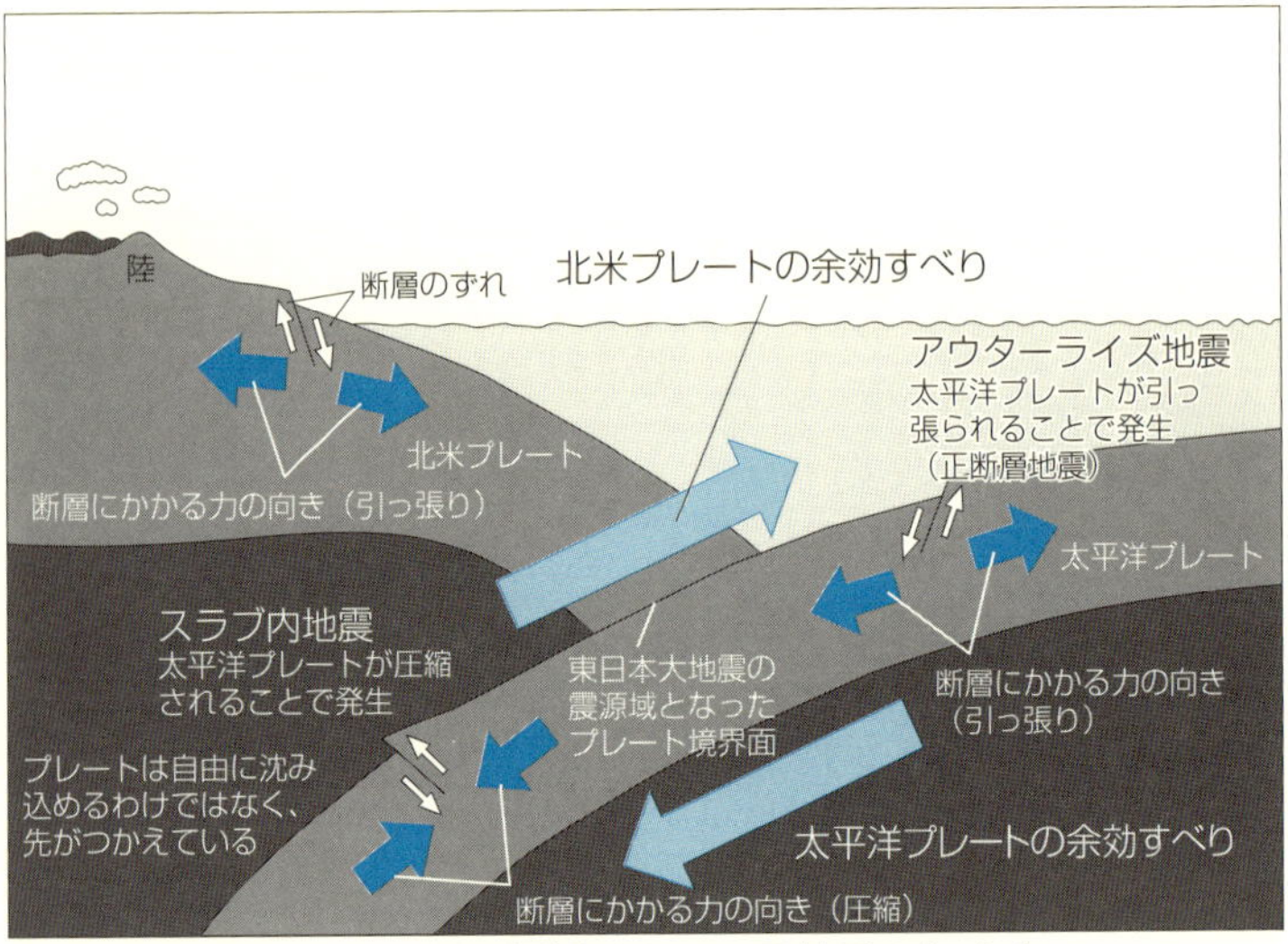

図7● 余効すべりと、発生が懸念されている地震のタイプ

動きと同じ方向にプレートがゆっくりと動いていくことがあります。そのような断層の動きはとりわけ「余効すべり」といって、警戒を緩めることなく監視する必要があります。なぜなら、余効すべりが発生しているなら、その部分の地殻は地震が起こる前の状態には戻っていないことを、示しているからです。

日本海溝のさらに沖側では、少しだけ盛り上がった地形になることがよくあります。陸から見て海溝よりももっと「外側の」（アウター＝outer）、「隆起」（ライズ＝rise）地形であることから「アウターライズ」といわれています。そのアウターライズで発生する地震が「アウターライズ地震」です。このアウターライズ地震の場合、図6の「正断層型」の地震となる場合が多いようです。

ただし、3・11東日本大地震の場合、すでに本震の直後にＭ７・９に地震が発生してしまっています。このとき、アウターライズでもＭ７クラスの地震が起きていたということは、これによりアウターライズのストレスは一部抜けたとみていい、と木村政昭氏は明言しています。のちに述べますが、この近辺で「地震の目」を探しても、アウターライズに巨大な地震を起こすほどの〝目〟は、現在のところ、形成されていないということです。

現在、日本海溝より外側のアウターライズの周辺は、プレート境界で引き続いて起こっている「余効すべり」により、西向き（三陸海岸方面）に沈み込む方向（引っぱられる方向）に力を受け続けているため、アウターライズ地震が発生しやすくなっています。また、正断層地震であるため、大津波の襲来が起こりやすい。

プレート境界型の巨大地震の発生からしばらく時間が経過して、アウターライズ地震が発生します。とりわけ三陸海岸では、１８９６年に明治三陸沖地震（Ｍ８・５）が発生し、それから37年たった１９３３年に、そのすぐ沖合で昭和三陸沖地震（Ｍ８・１）が発生しています。37年後にやっと、アウターライズ地震が発生した例です。超巨大なプレート境界地震の余効すべりは、数十年続いても不思議ではなりません。はるか沖合で起こるアウターライズ地震では揺れによる直接の被害は少ないが、桁はずれの大津波が発生します。昭和三陸沖地震では大津波が陸地を駆け上がり、28・7メートルもの遡上高が記録されています。

1-2

地震発生の要因と巨大化の本質

プレート境界型の巨大地震に特徴的な「地震の発生源＝アスペリティ」

最近、「固着域（アスペリティ）」という考え方を導入することにより、プレートどうしのくっつき具合（摩擦）を判断しようという研究が、盛んに進められています。このアスペリティについては、次の項で詳しく取り上げていきますが、プレート間の巨大地震に特徴的に現われる現象です。「地震の発生源は、アスペリティによる」と考えてもいいくらい、重要な意味を持っています。

アスペリティという考え方を導入することで、地震の予知も可能になるかもしれないということで、盛んに研究が進められています。スマトラ島沖超巨大地震も、今回の東日本大地震も、過去にこれらの場所で比較的大規模な地震を発生させたことのあるアスペリティが複数、同時に動いて、世界の地震観測史上最大級の地震になったとみられています。

仮にアスペリティがある場所とそうでない場所が混じっていると、大陸側のプレートが海側からのプレートに引きずり込まれるスピードは、一様ではなくなってしまいます。そのために生じたプレートのひずみが限界に達した陸側のプレートが元の状態に戻ろうとして一気に跳ね上がり、摩擦を失った海側のプレートが陸側のプレートの下に急激に落ち込むことになります。

このときの衝撃が、大地震を引き起こすとされています。前述した１９６０年のチリ地震と２０１０年のチリ地震（Ｍ８・５、Mw８・８）や２００４年のスマトラ島沖地震（Ｍ９・１）、日本の関東大地震（関東大震災）や十勝沖地震なども、この海溝型地震にあたることになります。２００４年のスマトラ島沖大地震や３・11東日本大地震のような超巨大地震では、「地震の発生源」とされるアスペリティが複数、組み合わさって起きたのではないか、と考えられています。

３・11東日本大地震のあと、東海地震・東南海地震・南海地震の三つの巨大地震が連続して起きると想定されている、いわゆる〝3連動型地震〟も、複数のアスペリティが同時にずれ動いて超巨大地震が発生すると懸念されています。そういったケースも考えうるので、アスペリティによる地震の発生メカニズムについて、簡単に触れておきます。

大規模なアスペリティができやすい「地震発生帯」

地球を覆う十数枚のプレートが接しているプレート境界といっても、そのようすは各プレートでさまざまな接し方をしています。というのも、プレートどうしのくっつき具合（摩擦）が、プレート境界の深さや、地域ごとの特性（地質）によっても大きく異なってくるからです。

プレートどうしがくっつきやすいかどうかを決めている基本的な要素は、温度や圧力だと考えられています。地表より深い場所ほど、プレート境界の温度は上昇します。３００℃を超えるようになると境界の物質は柔らかくなり、両側がぴったりとくっつく（固着する）ことがむずかしくなってきます。そうかといって、浅すぎる場所もまた、逆に温度や圧力が低すぎたりして、境界の物質がしっかりと岩石化できないため、やはり固着しにくいのです。さらに、プレート境界では、海側のプレートに水分が多く含まれているため、固着が弱まると考えられています。

地表からの深さがおおむね10～40キロメートルあたりの「地殻」と呼ばれるあたり（図3参照）では、プレートどうしが固着しやすい条件になっていることが比較的多いようです。プレートの境界面のなかで、部分的に固着の強い場所（くっつきやすいところ）を「固着域（アスペリティ）」と呼んでいます。このような場所では、海のプレートが陸のプレートの下への沈み込む動きにつられ、陸のプレートも〝引っかかって〟一緒に引きずり込まれます。

アスペリティはプレートとプレートを固く結びつけているのですが、ここにかかる力はいつしかアスペリティの強度の限界を超えることがあります。そのとき、アスペリティも歯止めになろうとする力を失い、そのためプレートの境界面が高速ですべることになります。陸側のプレートが、元の形に戻ろうとして跳ね上がるからです。このようにして、プレート境界型の地震が発生します。現在では、アスペリティこそ、「地震の発生源」だと考えられています。

＊**地震波**　地震が起きたとき、地震の震源から地震の波が発生する。この主要な波にはＰ波、Ｓ波、表面波の３種類がある。なお、表面波は地球の中を通り抜けられず地表だけを伝わる。

大規模なアスペリティができやすい、深さ10～40キロメートルの範囲を「地震発生帯」と呼ぶこともあります。けれどもこの範囲は、あくまでも目安として考えられているものです。ただ、比較的規模の小さい地震や内陸型直下地震は、地震発生帯以外でも頻繁に発生しています。

アスペリティの理論は、カリフォルニア工科大学名誉教授の金森博雄博士らによって、１９８０年代に提唱されています。地震波＊を解析した結果、地震の震源域には、とくに強い地震波を出す領域が存在することがわかったからです。強い地震波を出した領域はそれだけ強く固着しており、より多くのエネルギーを溜め込んでいたと考えられます。

最近、アスペリティの位置を地震の発生前に推定することが可能な場合もあることが、わかってきました。５年ごとに周期的に起こっている宮城県沖地震などがそのいい例で、カーナビに使われている「全地球測位システム（ＧＰＳ）」＊を利用して、ずれを測定しています。

陸側のプレート上の動きを観察すると、海のプレートの沈み込む方向に陸のプレートが徐々に動いている地域と、そうでない地域もあることがわかってきました。陸のプレートが海のプレートといっしょに動いている地域にはアスペリティがあり、プレートどうしが強く固着していると考えられています。実際、東海地方から紀伊半島、四国地方に設置されたＧＰＳの観測データにより、駿河湾から四国沖にかけては、プレート境界がぴったりと固着しているようだと推測されています。

＊**全地球測位システム（GPS）** GPS（Global Positioning System）は本来、アメリカが軍事用に開発したシステムであるが、現在はカーナビゲーションシステムなど一般的に使われている。GPS 衛星からの電波を受信することでさまざまに測位を行なうものである。

プレートどうしの境界面は、限界を迎えて一気にずれ動く

アスペリティがどのようにして地震を発生させるのか、そのようすを図8を参考に、詳しく見ていきましょう。

アスペリティが形成されると、図8の①のように、ここで海側のプレートと陸側のプレートが強くくっついてしまいます（これを〝固着〟と表現します）。そのためこの部分では、海側のプレートが沈み込むにつれ、図8の②のように陸側のプレートも一緒に引きずり込まれて沈み込んでいきます。ところがアスペリティの周囲は固着していないため、ズルズルとすべり、そのとき陸側のプレートは一緒には引きずり込まれません。

仮に、海側のプレートの沈み込む速度が年間10センチメートルの場合、陸側のプレートが引きずり込まれる速度は、アスペリティの部分ではやはり年間10センチメートルに達します。10年では、1メートルにも達します。けれどもアスペリティがない部分では、陸側プレートはほとんど引きずり込まれません。このようにして、陸側のプレートが元に戻ろうとする力を、アスペリティの部分だけで踏みとどまらせているような状態になり、年月がたつほど、このひずみはどんどん溜まっていきます。

アスペリティがプレートどうしをつなぎとめている状態は、やがて限界を迎えることになります。するとこのとき、アスペリティの固着は一気に解かれて破壊され、高速でずれ動きます。

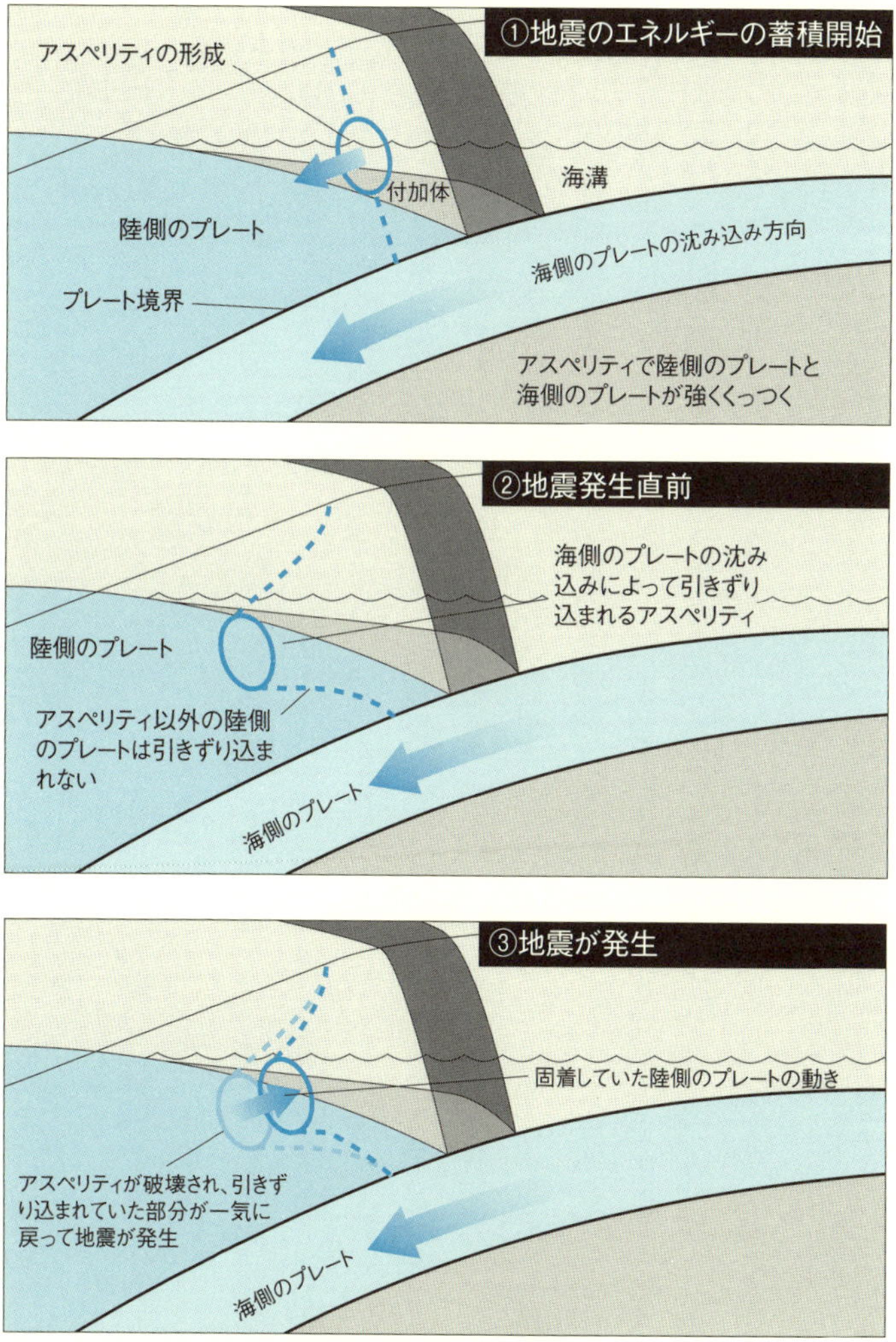

図 8 ● アスペリティが地震を発生させる過程
＊図の視点は正断面ではなく、斜め上から見たもの
（『Newton』2011年6月号などを参考に作図）

こうして、陸側のプレートは、図8のように元の位置に戻ることになります。このとき、地震が発生します。

先ほど述べた例から考えると、アスペリティとして固着した部分の陸側プレートは10年間で合計1メートルほど引きずり込まれたあと、1回の地震で一気に戻り、固着していない周囲の部分と元の位置でピタリと重なる——という動きで、帳尻を合わせたともいえるのです。

超巨大地震のケースでは、最大で40メートルほどすべることもありえます。3・11東日本大地震の場合、すべりの幅は日本海溝よりのプレート境界面で、最大で60メートルに達した可能性があるという解析結果が出ています。この場合は、この領域でのすべり量は、数百年以上かけて蓄積されたものだということになるでしょう。

このアスペリティの破壊に伴う「プレスリップ*（先行すべり）」という現象は、じつは気象庁が、東海地震が発生するにあたってのきわめて重大なシグナルとしてとらえています。気象庁は、東海地震は必ずしも予知できるとは言っていません。ただ前兆現象がとらえることができた場合に、この地震の関連情報を発表するとしています。では、その予知の鍵となる前兆現象はいったい何でしょうか。それは今のところ、プレスリップという現象だと考えられています。

このプレスリップとは、震源域（東海地震の場合、プレート境界の強く固着している領域＝アスペリティ）の一部が地震の発生前にはがれ、ゆっくりと滑り動き始めるとされる現象のこ

＊**プレスリップ**　本震の発生数日前か直前に、周囲でじわじわと地震を起こす断層面の破壊が始まり、その動きが加速していって本震が発生するとされ、本震直前のこのじわじわとした破壊のことを指す。「先行すべり」ともいうが、「地震の目」ではっきりと移動の方向を確認できる。

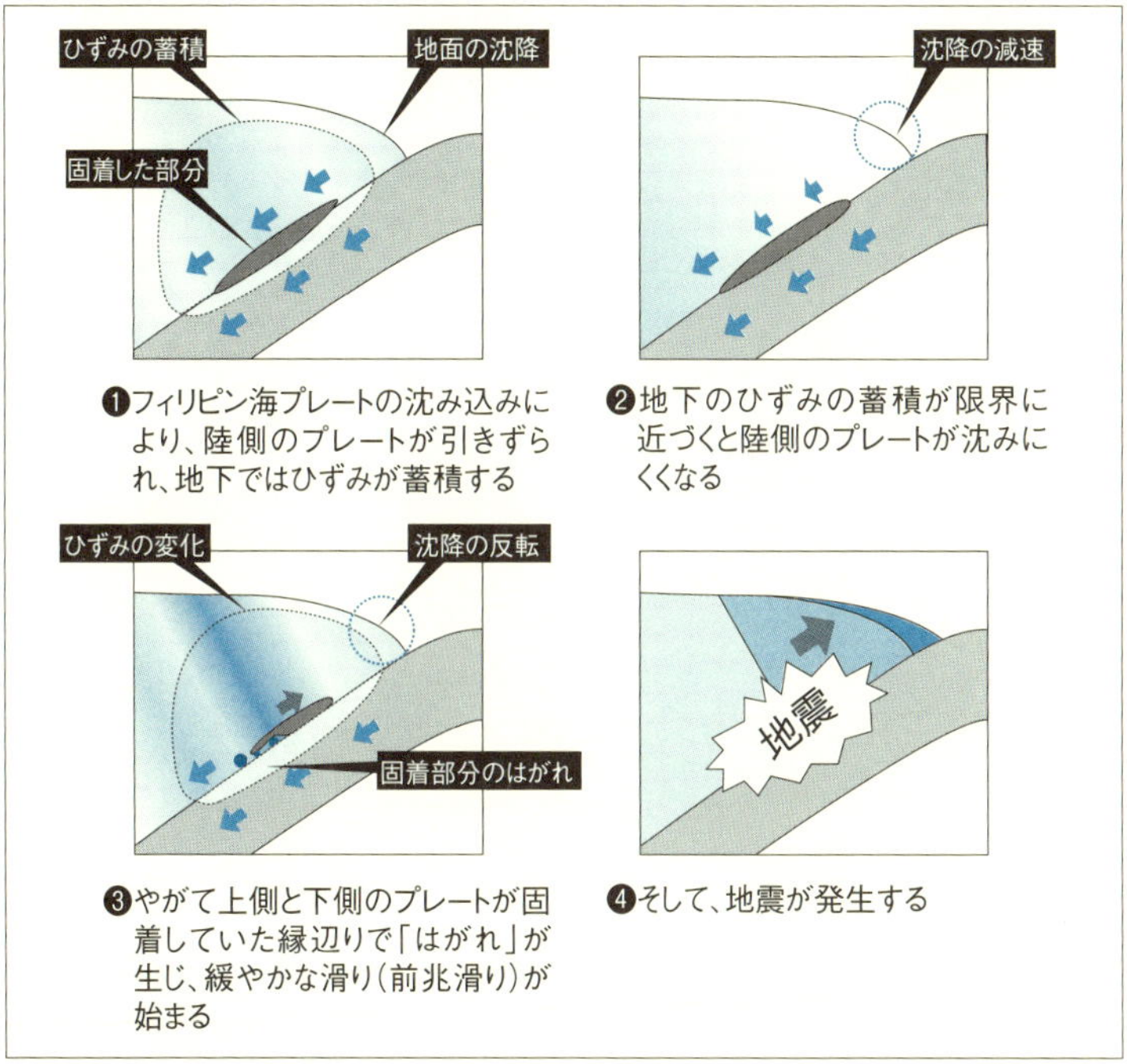
ひずみの蓄積
地面の沈降
固着した部分
❶フィリピン海プレートの沈み込みにより、陸側のプレートが引きずられ、地下ではひずみが蓄積する
沈降の減速
❷地下のひずみの蓄積が限界に近づくと陸側のプレートが沈みにくくなる
ひずみの変化
沈降の反転
固着部分のはがれ
❸やがて上側と下側のプレートが固着していた縁辺りで「はがれ」が生じ、緩やかな滑り（前兆滑り）が始まる
地震
❹そして、地震が発生する

図９● 東海地震の発生シナリオ（気象庁「東海地震とは」から転載）

とをいっています。図9は、気象庁のホームページ＊「東海地震とは」に掲載されている〈東海地震の発生シナリオ〉で、プレスリップについて説明した図です。プレスリップが発生すると、周囲の応力の状態が変化するため、それを地殻変動などの観測によってできるだけ早くとらえようというのが、気象庁の短期直前予知戦略なのです。固着部分のはがれなど、小さなシグナルも取り逃さないよう、世界でも類を見ない高密度の観測網を整備することにより、気象庁では24時間体制で監視しています。

しかしこのプレスリップとい

＊**気象庁ホームページ**　ＨＰアドレスはhttp://www.jma.go.jp/jma/。ここから防災気象情報、そして東海地震関連情報へとアクセスできる。

う現象も、木村政昭氏によれば、のちに述べる「地震の目」が移動する方向と密接に関連しているのではないかという〝仮説〟に直結していきます（135～138ページ参照）。

まだ起きていない、いつ起こってもおかしくない――とされている東海地震について、木村氏は、この領域ではすでにストレスが抜けているのではないかと主張しています。この詳しい経緯については、161～173ページで詳述していきます。

複数のアスペリティの連鎖で超巨大地震が起きる

地震の規模は、より広い領域が一度にずれ動いたときに大きくなります。

アスペリティが大きければ大きいほど、地震の規模は大きくなります。となるとここで一つ、疑問が生じてきます。いったい、超巨大地震の場合は〝超巨大な一つのアスペリティ〟が破壊されて発生するのでしょうか？

ところが、超巨大地震を詳しく見てみると、そうではないことがわかってきました。

２００４年12月末に起きたスマトラ島沖巨大地震（本震）の場合、本震のあと、繰り返して起きた余震を調べてみると、過去に三ヵ所で発生していたM７・５～７・９の地震の震源域と同じところで、別々に発生していたということがわかってきました。

図10から、スマトラ島沖超巨大地震の震源域と、過去の大地震の震源域が対応していたことが明解に読み取れます。

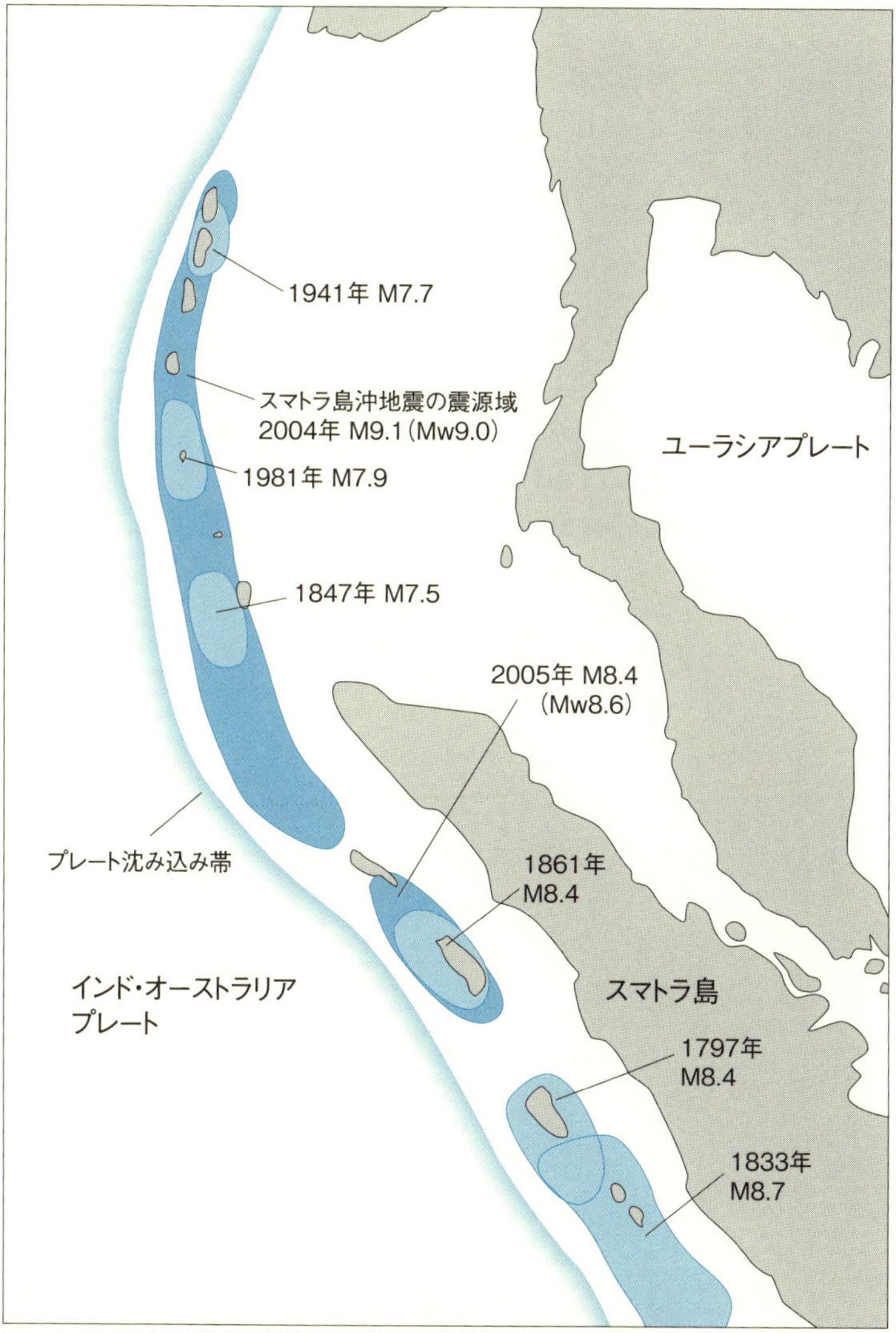

図10●スマトラ島沖超巨大地震の震源域と過去の大地震

2004年スマトラ島沖超巨大地震

津波災害が非常に大きく、上写真のトライトンホテルは津波によって１階部分の家具すべてが流れ出た。下写真はアメリカ海軍機が撮らえたその後の浸水被害の状況

このことは、スマトラ島沖地震の震源域全体が均一なものではないことを示しています。というよりむしろ、個別に発生することがある複数の「地震の発生源」が組み合わさったものが、今回のスマトラ島沖地震の全体の震源域だったといえるのです。木村氏は、この〝地震の発生源〟を「地震の目」というとらえ方をしています。

史上最大の超巨大地震だとされるチリ地震のケースでも、似たような現象がみられました。チリ地震の震源域でも、過去にはこの領域で個別に地震が発生したことがわかっています。1960年の超巨大地震は、これら過去に比較的大規模な地震を発生させたアスペリティが同時にずれ動いて、世界の地震観測史上最大の地震となったようです。

こうしてみると、超巨大地震は、隣り合った複数の大きなアスペリティが連動してずれ動くことによって発生しています。連動しなかったり、あるいは連動しても震源域の面積が小さい場合には、超巨大地震と呼ぶような規模の大きい地震にはならないこともわかってきました。過去に比較的規模の大きなプレート境界地震の発生した場所が連なっているような場所では、これらが連動して超巨大地震となる可能性もおおいにある、ということがわかってきたのです。

参考までに、スマトラ島沖地震から、来るべき西日本の超巨大地震（3連動型の巨大地震）がアナロジー（類推）できることを、S・K・シューとJ・C・シブエーらの論文による図11で、示しておきました。

この図11はまたスマトラ島沖と三陸海岸や西日本沖を比べてみても、海側からのプレートが

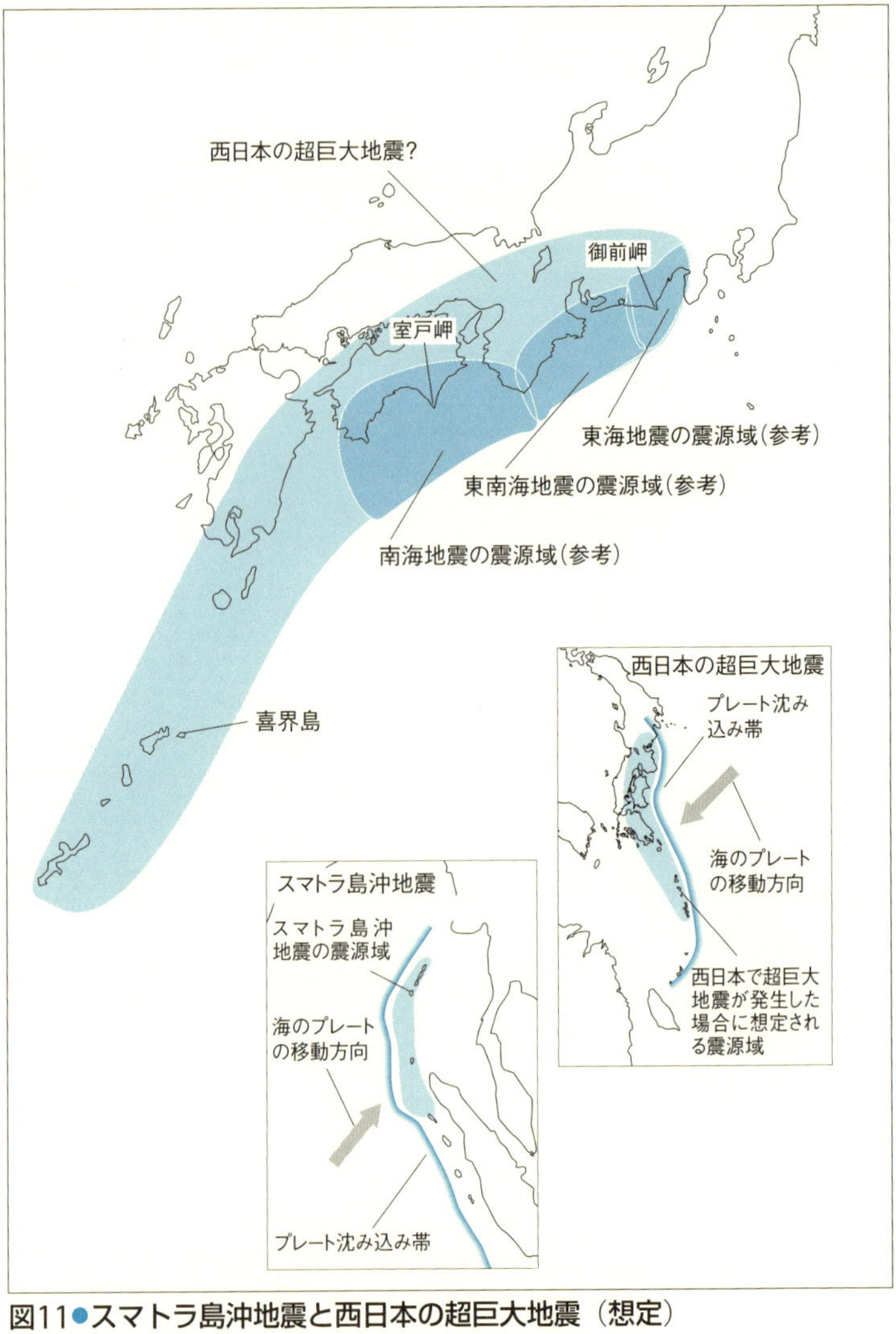

図11●スマトラ島沖地震と西日本の超巨大地震（想定）
（S. K. シューとJ. C. シブエーらの論文より）

陸側のプレートに潜り込むというまったく同じ地形的特徴を持っています。したがって、現在懸念されている西日本の〝3連動型巨大地震〟*も、スマトラ島沖超巨大地震のように震源域が広がって次々にアスペリティの破壊が連鎖していく可能性もある、ということが予想されます。具体的にいえば、東海・東南海・南海地震の震源域とされた地震の部屋（ブロック）に南西諸島までを含めた地域が、来るべき〝3連動型巨大地震〟に該当することになるかもしれません。

しかし木村氏は、東海地震に関しては、１９４４年に起きた東南海地震が推定されているよりもより御前崎のほうに広がって起きた巨大地震であり、それと２００９年8月11日に起きた駿河湾沖地震で、いつ起きてもおかしくないとされた東海地震のストレスは、すでに抜けているのではないかと推測しています（169ページ参照）。

来るべき地震は、国のいう東海地震ではないようです。では、懸念されるそれはどのような状況なのでしょうか？　次章では、今、どこが危険なのかを探っていきます。また、この関連のなかに「首都直下地震」の可能性も見ていくことにしましょう。

＊**３連動型巨大地震**　西日本で発生する可能性のあるＭ９クラスの超巨大地震で、最も可能性が高いのは南海トラフの北から南へ東海地震、東南海地震、南海地震が連動して発生するケース（1707年の宝永地震など）。これに琉球海溝の地震も加わった４連動型巨大地震も懸念される。

864年（貞観6年）の富士山噴火・阿蘇山噴火に続き、その3年後（867年）には麓《ふもと》に別府温泉のある鶴見岳（大分県）が噴火し、そして阿蘇山も再噴火しました。

そして翌868年からは、“地震シリーズ”が始まっています。

この年の8月、播磨国（現在の兵庫県西部）で大地震が起きています。この直下地震の震源は、1995年の兵庫県南部地震の震源断層に近いとされる「山崎断層」ではないかと考えられています。

翌869年の1月にはまず、この直下地震の左隣（摂津国＝同兵庫県南東部～大阪府北西部）で地震が起きました。その後、同年7月13日の夜、三陸沖で巨大な貞観地震（M8.4以上と推測）が起きています。この巨大地震については、『日本三代實録』でかなり詳しく記されています。以下に述べる地震と火山に関する記述も、『日本三代實録』によったものです。

貞観地震から2年後の871年5月、出羽国（同山形県と秋田県）の鳥海山が噴火します。そしてその3年後の874年夏、今度は薩摩国（同鹿児島県）の開聞岳《かいもんだけ》が噴火しています。

それから4年後、貞観地震からは9年後にあたる878年、今度は関東で大地震（推定M7.4）が起きたのですが、このときは相模国（同横浜・川崎をのぞく神奈川県）と武蔵国（同東京都と埼玉県、神奈川県北東部）の被害が大きかったとされています。さらにその2年後の880年、今度は出雲国（同島根県東部）で地震（推定M7.0）、翌881年は京都などで地震（推定M6.4）が起きています。

前記の関東大地震からは9年後の887年、ついに貞観地震クラスの巨大地震が今度は西日本を襲っています。今の日本でも近い将来、発生が懸念されている南海地震（推定M8.0～8.5）が起きています。

しかしそれ以後40年間以上、大地震の記録はいったん途絶えています。そして915年になって、十和田カルデラの超巨大噴火が始まります。そのまた30年後、日本海を隔てた朝鮮半島の根元にある白頭《ペクトゥ》山が、十和田カルデラの噴火をはるかにしのぐ巨大

column

富士山“大噴火”を検証する....❶

❖──『日本三代實録』に見る富士山噴火と地震の関係

まず、『日本三代實録』に残された、貞観地震を中心とする〈火山噴火と地震の相関関係〉を示した年表（表A）を見てください。

◆表A 『日本三代實録』に見る天変地異の記録

年：西暦（和暦）	事象
863年（貞観5年）	越中国（富山県）から越後国（新潟県）にかけて大地震
864年（貞観6年）	富士山が噴火、阿蘇山が噴火
867年（貞観9年）	豊後国（大分県）別府の鶴見岳が噴火、阿蘇山が噴火
868年（貞観10年）	播磨国（兵庫県西部）で大地震（M7.0以上）
869年（貞観10～11年）	摂津国（兵庫県南東部～大阪府北中部）で地震、三陸沖で貞観地震（M8.4以上）、肥後（熊本県）に台風と大地震？
871年（貞観13年）	出羽（山形県と秋田県）の鳥海山が噴火
874年（貞観16年）	薩摩国（鹿児島県）の開聞岳が噴火
878年（元慶2年）	関東地方で大地震
880年（元慶4年）	出雲国（島根県東部）で大地震
881年（元慶4年）	京都を含む地域で地震（M6.4）
887年（仁和3年）	南海地震（M8.0～8.5）

平安時代は約400年も続きましたが、平安前期頃からの四半世紀（863年からの25年間）は、およそ「平安」の名にふさわしくない“大地動乱の時代”でした。以下、『日本三代實録』の記述を基に、おおざっぱに当時の地震と噴火の連鎖を書き出してみました。初めにこの大地動乱の時代の話から、火山と噴火のかかわりを見てみましょう。

噴火を起こしています。このとき火山灰は日本海を渡って、北海道から東北地方北部まで降ったと記録されています。当時、函館や青森で残っている記録によれば、降灰の厚さは5センチメートルを超えた、とあります。

過去、富士山の噴火で最も規模が大きかったのは、864年の噴火で、青木ヶ原樹海は、このときの青木ヶ原溶岩流でできたとされています。

864年6月、富士山の北西側斜面の1～2合目付近に開いた割れ目火口より噴火が始まり、溶岩が流出しました。6月下旬には溶岩流が本《もと》栖《す》湖《こ》に達しています。その後、7月から8月中旬にかけては「剗《せ》の海」に達し、湖を分断し始め、溶岩の熱によって湖の水は沸騰し、魚や亀が多数死んだということです。剗の海はこのとき、精《しょう》進《じ》湖《こ》と西《さい》湖《こ》に分断されたとされています。

以上については、静岡大学教育学部の小山真人教授（火山学）による、貞観噴火の推移をまとめさせていただきました。

富士山の噴火口

数千年前に現在の形をつくった主噴火口――直径約500m、深さ220m。火口を囲むようにある縁は「お鉢」と通称される。

Verification:Earthquake which occurs directly beneath Tokyo
and giant earthquake

第2章

新しい認識の「日本列島断層」上の地震と首都直下地震

2-1

東日本大地震へと続く近年の地震と噴火

「日本列島断層」に沿って地震と火山噴火が活発化

図12は、「日本列島断層」を中心に、日本を取り巻く四つのプレート（岩板）と、海溝やトラフの位置を示したものです。図を見ればおわかりのように、日本列島近海では四つのプレートが複雑に重なり合っているため、どうしても地震や火山噴火が多く、すでに図1で見てきたように、日本近辺で地震の震源をプロットしていくと、日本列島はほとんど真っ黒に埋め尽くされてしまいます。

けれども図12を見るうえで一つだけ、注意を促しておきたいことがあります。それはおそらく初めて登場した「日本列島断層」という言葉です。

これまで知られている大きな断層や構造線を日本地図に書き込んでいくと、図12のように日本列島を、サハリン（樺太）から北海道の西をかすめて南下し、日本海から日本列島を突き抜けて瀬戸内海に至り、別府湾あたりから九州の雲仙・普賢岳まで貫いている1本の線がはっきりと現われてきます。つまり、北海道～東北の日本海側にあるユーラシアプレートと北米プ

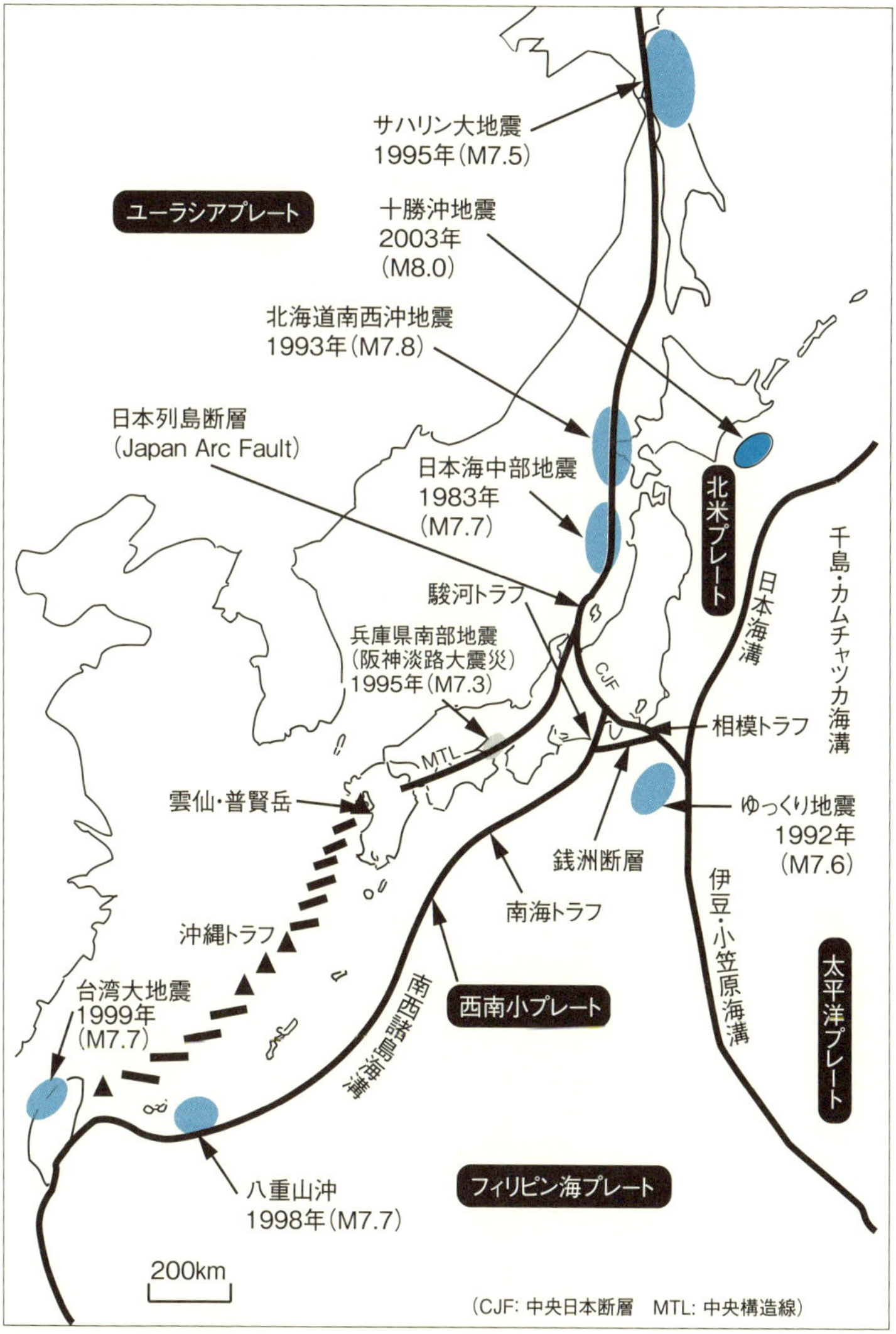

サハリン大地震
1995年(M7.5)
ユーラシアプレート
十勝沖地震
2003年
(M8.0)
北海道南西沖地震
1993年(M7.8)
日本列島断層
(Japan Arc Fault)
日本海中部地震
1983年
(M7.7)
北米プレート
日本海溝
千島・カムチャツカ海溝
駿河トラフ
兵庫県南部地震
(阪神淡路大震災)
1995年(M7.3)
CJF
相模トラフ
MTL
雲仙・普賢岳
ゆっくり地震
1992年
(M7.6)
銭洲断層
南海トラフ
沖縄トラフ
伊豆・小笠原海溝
台湾大地震
1999年
(M7.7)
西南小プレート
南西諸島海溝
太平洋プレート
八重山沖
1998年(M7.7)
フィリピン海プレート
200km
(CJF: 中央日本断層　MTL: 中央構造線)

図12●「日本列島断層」上で続々と大地震が！

レートの境界面を下に伸ばしていくと、北陸地方で本州に上陸し、阪神を通って瀬戸内海東端で中央構造線に入り、瀬戸内海をまっすぐ横切って九州に抜け、雲仙・普賢岳に至ります。そしてその先は、海中に潜って沖縄トラフへと続き、台湾あたりまでつながっています。

木村政昭氏は、この断層を「日本列島断層」と呼んで他の断層と区別しています。この日本列島断層は、巨大な活断層だと思ってもらえばいい、と木村氏は説明しています。最近の大地震の多くは、この日本列島断層の近辺で起きています。１９９５年の兵庫県南部地震（阪神大震災）も、日本列島断層に沿って起きています。北はサハリン大地震から北海道南西沖地震、日本海中部地震、新潟県中越地震、新潟県中越沖地震、兵庫県南部地震など、この大断層の近くで発生しています。

ここでは図12に付け加えて、さらに詳細なプレートなどの動きを説明しておきます。

日本周辺には、東から海洋を載せた太平洋プレート、西からはユーラシア大陸を載せたユーラシアプレートという、二つの巨大プレートが押し合っています。そればかりではありません。その二つのプレートに加え、北からは北米プレート（カムチャツカ半島以南をオホーツクプレートという独立したプレートだとする説もあります）、南西からはフィリピン海プレートが割り込んできています。

その結果、関東以北ではユーラシアプレートが北米プレートとぶつかり合い、さらにその下に太平洋プレートが潜り込んだ状態になっています。一方、伊豆半島より南方では、ユーラシアプレートと太平洋プレートの間にフィリピン海プレートが挟まれるようにして、南西諸島海溝（琉球海溝）の下に潜り込んでいます。

太平洋側の東北～関東沖の海底にある太平洋プレートと北米プレートの境界が日本海溝であり、その南に続く太平洋プレートとフィリピン海プレートの境界は伊豆・小笠原海溝にあたり、さらに南へと続くその延長部分は、マリアナ海溝につながっています。日本海溝はさらに北上すると、千島・カムチャツカ海溝へとつながっています。南西諸島の東沖では、西南小プレートとフィリピン海プレートの境界は、南西諸島海溝で区切られています。

東海地方～四国の南方沖の海底には、フィリピン海プレートとユーラシアプレートの境界である駿河トラフから南海トラフがつながっており、ちょうどこの一帯は例の〝3連動型地震〟（東海・東南海・南海地震）などの海溝型超巨大地震の震源域となるとされる場所にあたります。

そのうえ、日本海溝から分岐して日本列島・相模湾に至る、フィリピン海プレートと北米プレートの境界には相模トラフがあります。最近になって、伊豆諸島南部周辺の海底に、相模トラフから分岐して南海トラフにつながる新たなプレート境界線、「銭洲《ぜにす》断層」という断層も見つかっています。

さらに南西諸島の西側（南西諸島を挟んで南西海溝とは反対側の背弧海盆にあたるところ、といってもいい）には、現在の日本では最も活動が活発な沖縄トラフが存在します。

従来のプレート・テクトニクス理論では、この領域はユーラシアプレートの一部になるのですが、この沖縄トラフより東側の南西諸島一帯をより小さく割れたマイクロプレートとして独立した沖縄プレート（または「西南小プレート」）とみる説もあります。

ただしこの西南小プレートに限っては、ユーラシアプレートと衝突するのではなく、逆に東（太平洋側）に離れようとする動きをみせています。これはつまり、沖縄トラフでは今なお活発にマントルからマグマが上昇しており、ここの海洋底が拡大し続けて、海底に顔を出したマグマは冷やされてプレートとなり、東シナ海と南西諸島・南西海溝の古いプレートを一方はさらに西へ、他方は太平洋に向けて押し続けようとしています。

したがってこの沖縄トラフ一帯ではよく、新しいマグマを噴き出す海底火山が噴火するケースが多いので、よりいっそう、火山活動の監視が必要となってきます（南西諸島、とりわけ西《いり》表《おもて》島近辺での海底火山の噴火が多いのも、この理由にもよるかもしれません）。

けれども近年、南海トラフに沿って発生する海溝型超巨大地震のように、繰り返して起こる地震については、地球深部探査船「ちきゅう」により熊野灘沖の海底を掘削し、直接「分岐断層」を見つけようとする試みも始まっています。この分岐断層は、フィリピン海プレートと日本列島を載せた陸のプレートの境界から派生した断層で、１９４４年に起きた東南海地震（Ｍ７・９）では、津波を起こす原因になったとされています。

ちなみに今までのところ、駿河トラフから南海トラフにかけては、プレートどうしはぴったりと固着していることが確認されています。

北海道・東北から南下した〝日本列島断層の地震活動〟

図13は、日本列島断層を中心に、①１９９４年まで、太平洋プレートからの圧縮応力によって発生した地震、②１９９５年以降、フィリピン海プレートからの圧力（圧縮応力）の高まりによって引き起こされた地震・火山噴火を、二つの図として示したものです。この図13を参照に、以下に説明していきましょう。

１９９０年代から３・11東日本大地震までに日本で発生した地震を、順を追って整理してみると、おおよそ次のようにまとめることができます。

日本列島断層を襲った地震シリーズは、１９９０年代前半には北海道と東北で起き始めています。１９９３年１月には北海道の釧路沖地震（Ｍ７・５）が発生、釧路で震度６。同年７月には北海道南西沖地震（Ｍ７・８）が起き、奥尻島が津波に襲われ２３０名の死者・行方不明者を出しました。その翌年の１９９４年10月には北海道東方沖地震（Ｍ８・２）、そして２ヵ月後に三陸はるか沖地震（Ｍ７・６）が起き、北海道・東北の地震ラッシュは、１９９５年のサハリン大地震（Ｍ８・１）でいったん終息。このサハリン大地震は、震源の浅い直下型地震だったため、３０００人を超える人命が失われましたが、これに直接的に関連していたのが、カムチャツカ半島の一連の火山噴火でした。

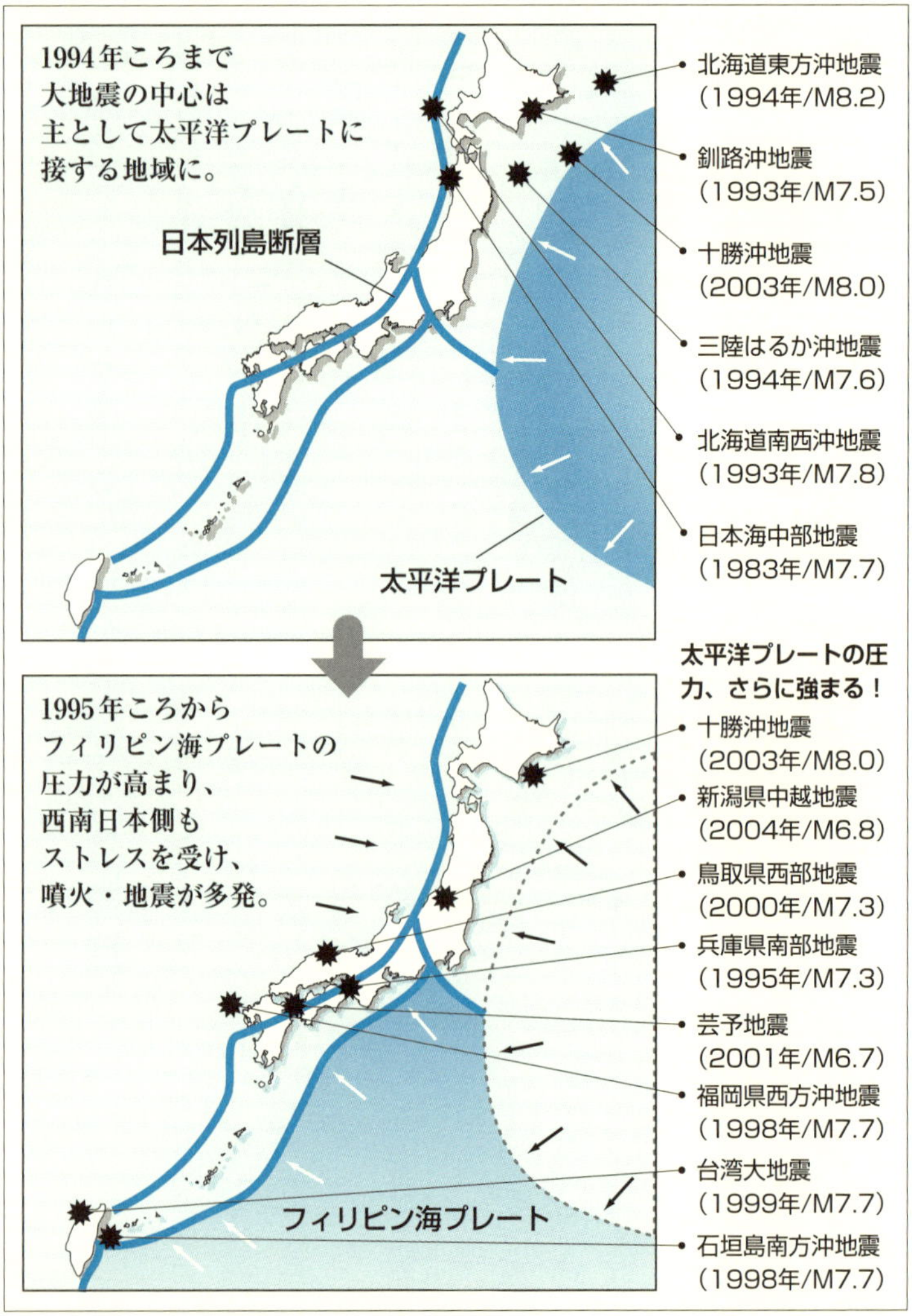

図13●プレート圧力の大きな流れは動いた
(震度データは2012年版『理科年表』による)

また、１９９０年11月に噴火し始めた雲仙・普賢岳は１９９１年６月、大噴火（主噴火）に至り溶岩を流出、火砕流を起こしましたが、この雲仙・普賢岳は、日本列島断層の西の端に位置しており、ここから日本列島断層は海底にもぐり、沖縄トラフへと連なっていきます。

ところが１９９０年代後半に入って、事態は一変します。それまで「関西には地震が起こらない」といわれてきた〝迷信〟が、吹っ飛びます。１９９５年１月に起きた兵庫県南部地震（阪神・淡路大震災、Ｍ７・３）です。この兵庫県南部地震は、日本列島断層のほぼ真上といっていい場所で起こり、それによりこれ以後の地震活動がガラリと変わることを告げたものでした。兵庫県南部地震以降、東北日本では地震が起こることはなくなり、代わって日本列島断層の外縁部（ユーラシアプレートの東端）を中心として、西日本を襲うようになってきました。

１９９８年には石垣島南方沖地震（Ｍ７・７）が発生、99年には日本列島断層の最南端、沖縄トラフの延長線上にある台湾で台湾大地震（別名・集集地震、Mw７・７）が起きています。ユーラシアプレートの真上にある台湾は、東からのフィリピン海プレートに押され続けたところです。海洋側プレート（フィリピン海プレート）は通常なら、大陸側のプレート（ユーラシアプレート）の下部に潜り込むはずですが、こと台湾地域においては事情が異なり、海洋側のプレートと大陸側のプレート双方が直接台湾の陸上でぶつかり合い、内陸部が隆起しています。

１９９５年以降、台湾大地震までを含めて、フィリピン海プレートが日本列島の下に潜り込んだ応力によって発生した地震が多く起こり始めました。

２０００年の鳥取県西部地震（Ｍ７・３）、２００1年の芸予地震（Ｍ６・７）、２００4年の新潟県中越地震（Ｍ６・８）、２００5年の福岡県西方沖地震（Ｍ７・０）、２００7年3月の能登半島地震（Ｍ６・９）、同年7月の新潟県中越沖地震（Ｍ６・８）と、とりわけ西日本で（内陸直下型の地震を含め）日本列島断層に沿って、地震が連鎖するように相次いで発生しました。

西日本での地震活動が活発化した傾向が出てきたところで注意していただきたいのは、ここでいう西日本のなかに一部、関東が含まれるということです。フィリピン海プレートの圧力が強くなってきたその象徴が兵庫県南部地震だとすれば、フィリピン海プレートは、伊豆半島から房総沖へも進出しているため、関東地方も警戒すべきでしょう。

ほぼ1世紀近くも前の１９２２年、台湾でＭ７・６の大地震がありましたが、これもフィリピン海プレートの圧力によるものでした。そしてその翌年の23年に、関東は大地震に見舞われました。これが大正関東地震（関東大震災、Ｍ７・９）です。関東地震の震源も、フィリピン海プレートに沿ったところにあり、プレートの圧力を受けていました。このフィリピン海プレートの圧力は台湾に出やすいのですが、それはときとして、関東にも警告を発しているのです。

今後、プレートの圧力は、どの地域にかかってくるのでしょうか。

前述した地震以外にも、2003年の十勝沖地震（M8・0）、2005年8月の宮城県沖地震（M7・2）が発生しており、その一方で西日本の地震シリーズが始まり、さらに注意すべきことに、2004年9月には紀伊半島のごく近辺でM7・1とM7・4の地震が、東南海地震の予想震源域で起きています。これは、南海トラフ近辺の銭洲断層（構造線）の西の端が動いたものだと考えられます。そして2009年8月11日、東海地震の予想震源域のほぼ真ん中で駿河湾地震（仮称、M6・5）が発生し、気象庁や地震学者たちは一瞬、「ついに東海地震が起きたのか」と肝を冷やしたそうです。

このような一連の流れのなかで、3・11東日本大地震が発生したのです。あと（《第3章》）に、実際に東日本大地震を予測していた木村政昭氏の手法を検証しながら、来るべき地震の〈予知の仕方〉を探っていこうと思います。

相模トラフが休止期に入ったら首都圏直下型地震が起こる!?

図14は、相模トラフで起きた大地震と、首都圏直下型地震の関連を読み取れるように作成したグラフです。

図14の三つに分かれたブロックのうち、最右端のブロックは、M6・2以上の首都圏直下型地震を表わしており、このグループに1987年の千葉県東方沖地震（M6・7）も入れてあります。この図の真ん中のブロックは相模トラフ型の大地震の発生した年と地震の規模が示し

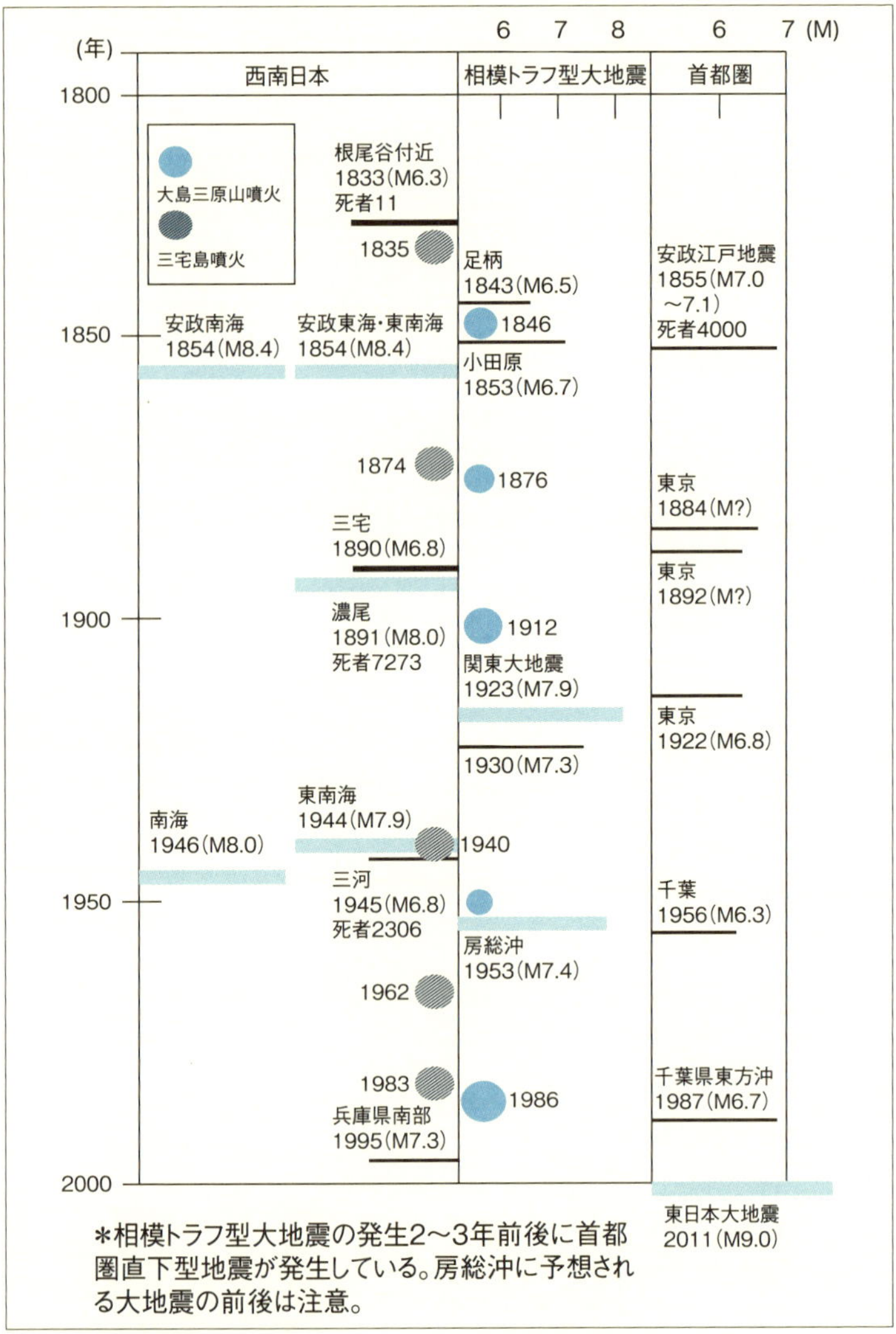

＊相模トラフ型大地震の発生2～3年前後に首都圏直下型地震が発生している。房総沖に予想される大地震の前後は注意。

図14●首都圏直下型地震はどういうときに発生するか

てあり、なかでもトップクラスの地震が、1923年に起きた関東大地震（関東大震災）です。左端のブロックは、（南海トラフで起きた）西南日本の大地震、とりわけ東南海地震と南海地震が示してあります。この図を見ると、東南海地震と南海地震が連動して起こっていることがよくわかってきます。

関東を襲い、甚大な被害をもたらした首都圏直下型の大地震としては、1855年に起きた安政江戸地震（M7・0〜7・1）を挙げることができます。M7・0クラスの規模の地震としては死者1万人を出したのですから、不気味な直下型地震の典型といえるでしょう。ただこの地震は、相模トラフのひずみを解消しきれずに起こった地震で、フィリピン海プレートが潜り込んだ先で、プレート境界型の地震を発生させた、という見方が強まっています。ということはつまり、現在では、東京・横浜に安政江戸地震のようなタイプの地震が来ることは考えにくい状況にあるのです。

このあたりは、東京や横浜の地殻を断ち切り、膨大な被害をもたらすような活断層型の地震が発生する地域ですが、「地震の目」（後述）やその他のデータから、近い将来、活断層型の地震が起こる可能性は低いとみていいでしょう。ただし、中央防災会議*が発表している3タイプ・18種類もの各断層による地震も検証していきます（206ページ参照）。

けれども、このタイプの直下型地震は、プレート境界である相模トラフが比較的静穏になった状態、いってみれば相模トラフ型巨大地震の活動期が休みに入った状態のときに起こるとみ

＊中央防災会議　内閣総理大臣を会長とし、防災担当大臣をはじめとする全閣僚、指定公共機関の長、学識経験者からなり、「防災基本計画の作成」や「内閣総理大臣、防災担当大臣の諮問に応じる」等々を行なう。ＨＰはhttp://www.bousai.go/chubou/chubou.html。

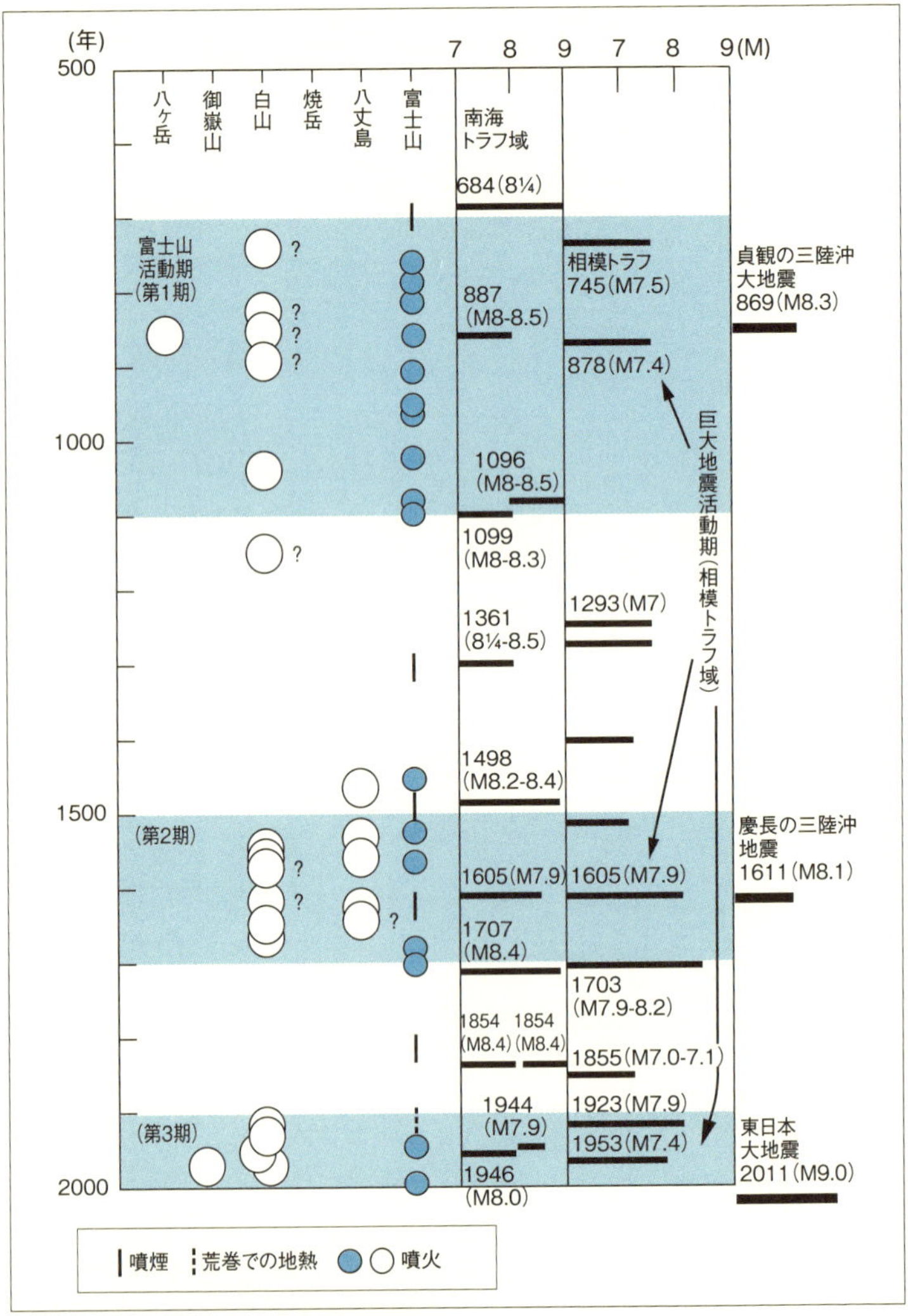

図15●富士山噴火と巨大地震の関係

(噴火データは気象庁、『理科年表』等の資料に基づく)

られています。

図15は、富士山や八丈島、白山などの火山噴火と、富士山の活動期、巨大地震との関係を表わしたものです。相模トラフの地震によって、富士山の活動が始まったり終息に向かうようすが、はっきり読み取れます。富士山の火山活動が活発になるかどうかは、相模トラフの大地震によってスイッチのON／OFFが切り替わることが明瞭に見て取れます。

一時は東京湾北部に「地震の目」のようなものができていたのですが、これは東日本大地震の影響とみられます。

ただ、南関東で起きる地震を予測するときには、図14でも示されているとおり、伊豆大島・三原山や三宅島の動向が常に反映されています。1986年に三原山が噴火して以来、ここ十数年間、何も起こっていません。これから先、東日本大地震の影響がどう現れるのか、しばらく注目しておきたいところです。

3・11東日本大地震を予知していた伊豆大島・三原山

伊豆大島・三原山は、1986年に大噴火を起こしてから26年が経過したのですが、火口底（マグマの頭位）はさほど下がったわけではなく、海抜500メートルほどの高度を保ったままです。後述するように、2010年になっても、ストレスは取り除かれているわけではありませんでした。

図16は、伊豆大島・三原山の火口底の変化と、巨大地震が関連しているようすを表わしたものです。

図を見るとおわかりのように、三原山の火口底は、1963年から1973年まではほぼ同じ深さでした。それが1974年からせり上がり始めて75年までにおよそ100メートルほど上がってしまい、1986年の大噴火の際には、海抜700メートルの高さにまで達していました。噴火後は火口底は一時的に下がりはしたものの、海抜500メートル近くの高さにとどまっていました。

伊豆大島・三原山の火口底に注目するのは、それが今まで起きた南関東の大地震を予告したものだったからです。これまでのデータによれば、南関東で大地震が起これば、それ以降、上がっていた三原山の火口底がガクンと落ちていました。

1923年の関東大地震のときも、その直前、三原山の火口底は海抜650メートルにまで上昇しましたが、関東大地震が起きたとたん、ガクンと落ちたのです。三原山へのストレスがとれたためと考えられます。

1950年になって、三原山の火口底は海抜730メートルにまで達します。けれどもその3年後に房総沖地震（M7・4）が発生し、そのあと火口底は大きく落ちていったのです。

しかし、1986年の大噴火後は、火口底は高い位置にとどまったままで、三原山へのストレスが取り除かれてはいませんでした。1992年には、房総沖で「ゆっくり地震」とも呼ば

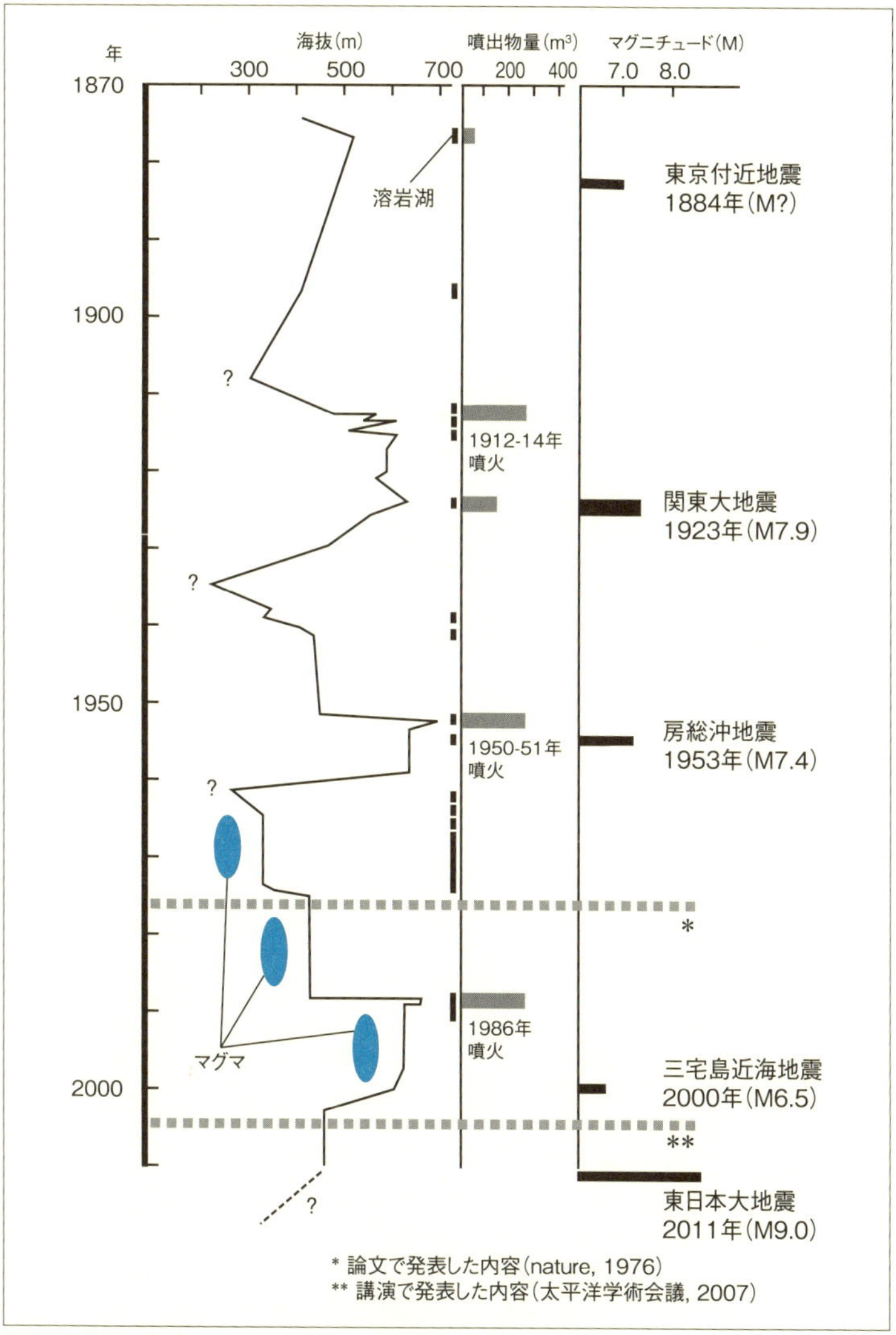
年
海抜(m)
300
500
700
噴出物量(m³)
200
400
マグニチュード(M)
7.0
8.0
1870
1900
1950
2000
溶岩湖
?
1912-14年
噴火
?
1950-51年
噴火
?
マグマ
1986年
噴火
?
東京付近地震
1884年(M?)
関東大地震
1923年(M7.9)
房総沖地震
1953年(M7.4)
*
三宅島近海地震
2000年(M6.5)
**
東日本大地震
2011年(M9.0)
* 論文で発表した内容(nature, 1976)
** 講演で発表した内容(太平洋学術会議, 2007)

図16●伊豆大島・三原山の火口底変化と巨大地震

れた地震（Ｍ７・６）が起きています。この地震の規模は、三原山噴火後の大地震に匹敵するものの、それでも地殻は押されっぱなしの状態で、地震を起こすエネルギーは残っていました。となると、少なくとも三浦半島から房総半島にかけて、南関東一帯のストレスを取るような動きはなく、２０００年代になっても、この状況に変わりはありませんでした。

伊豆大島・三原山のストレスは取れていない状態が続き、まったく油断できないと木村氏は判断していたそうです。

そのような状況の続くなか、２０１１年に東日本大地震が発生したのです。そこで伊豆大島・三原山との関係を、後述する図23でチェックしたところ、１９８６年の三原山の大噴火は、東日本大地震を警告していたことが明らかになったのです。

2-2 首都直下地震の切迫性

過去に起きた首都直下地震に学ぶ

さて図17は、主な首都圏直下型地震について震央をプロットした地図と、８１８年以降に首都圏で発生した直下型地震の年表とを組み合わせたものです。

中小規模の断層の運動による直下型地震はどこで起きるか特定できないし、つかまえどころがないため、その仕組みはいまだによくわかっていません。しかし今までのデータから見て、相模トラフ型の大地震が起これば、それに引き続いて首都圏直下地震が起こるか、あるいはその直前に、東京近辺で直下型地震が起こってもおかしくない状況だといえます。現在の時点で、首都圏に直下型地震が起こる可能性について、木村氏の説をかいつまんで紹介しておきます。

首都圏および付近で起きた中~大地震の発生パターンを見てみましょう。１９８６年の伊豆大島・三原山の大噴火以降、相模トラフ沿いの大地震の発生前は、図中の上半分にあたる首都圏の北側、三浦半島北部から東京にかけての地域で、Ｍ６以上の地震が発生しやすいだろうと思われます。また、ひとたび大地震が発生したあとは、地図上の下半分の領域も注意しないと

年　度　　月　日	主な被害地震とその地域、名称など
818(弘仁9)年7月	関東諸国
878(元慶2)年11月1日	関東諸国、特に相模・武蔵
1257(正嘉元)年10月9日	関東南部
1433(永享5)年11月7日	相模
1615(元和元)年6月26日	江戸
1648(慶安元)年6月13日	相模・江戸
1649(慶安2)年7月30日	武蔵・下野・川越で大地震
1649(慶安2)年9月1日	川崎・江戸
1697(元禄10)年11月25日	相模・武蔵
1703(元禄16)年12月31日	「元禄地震」江戸・関東諸国
1706(宝永3)年10月21日	江戸
1782(天明2)年8月23日	相模・武蔵・甲斐、箱根・大山・富士山で山崩れ、小田原城破損
1812(文化9)年12月7日	武蔵・神奈川
1855(安政2)年11月11日	「安政江戸地震」江戸付近、特に下町に火災被害
1880(明治13)年2月22日	横浜。この地震を機として日本地震学会が生まれた
1884(明治17)年10月15日	東京付近
1892(明治25)年6月3日	東京
1894(明治27)年6月20日	東京・横浜、青森から中国・四国まで有感
1921(大正10)年12月8日	茨城県南部
1922(大正11)年4月26日	浦賀水道、東京湾沿岸
1923(大正12)年9月1日	「関東大震災」東京で観測した最大振幅14〜20cm。地震後の火災と相まり死者・不明者10万5000余、家屋全・半壊21万1000余、焼失21万2000余。房総方面・神奈川南部は隆起し、東京付近以西・神奈川北方は沈下
1923(大正12)年9月1日	山梨県東部、「関東大震災」の余震
1924(大正13)年1月15日	丹沢山塊、東京・神奈川・山梨・静岡
1930(昭和5)年11月26日	「北伊豆地震」伊豆北部
1931(昭和6)年9月21日	「西埼玉地震」埼玉県西部
1956(昭和31)年9月30日	千葉県中部、千葉・東京
1978(昭和53)年1月14日	「1978年伊豆大島近海地震」死傷236、家屋全・半壊712
1980(昭和55)年6月29日	伊豆半島東方沖、伊豆半島・神奈川
1983(昭和58)年8月8日	神奈川・山梨県境、山梨・神奈川・東京・静岡
1987(昭和62)年12月17日	「千葉県東方沖地震」。千葉県を中心に被害発生。死者2名、全壊16戸、一部破損7万余
2000(平成12)年6月26日	三宅島の噴火に伴う群発地震は、この日を機に始まる。8月末までにM5以上の地震は40回。そのうちM6以上の地震は4回。1965年の松代群発地震を超える活動となった。死者1名

〈データ〉首都圏の地震発生のプロット。図中の数字は年度とマグニチュード（カッコ内）を示し、表は『理科年表1989年』による（●印は20世紀の首都圏の地震で、震源域の広い関東大地震は●を略した）

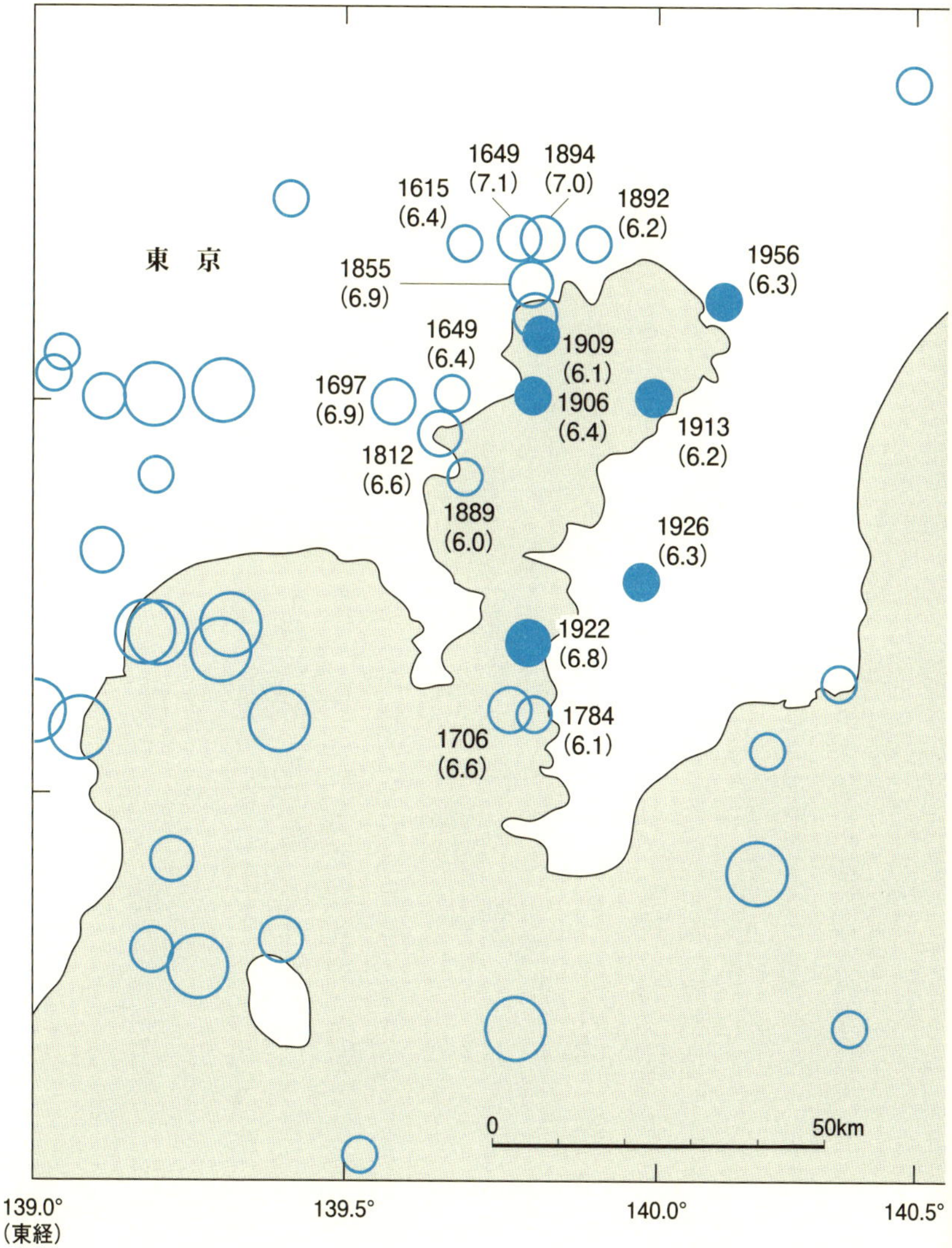

図17●首都圏直下型地震の空白域を探す

いけないでしょう。今までの首都直下型地震を見ていくと、大地震が発生したあと、多少、地震が起こる場所は入れ替わってしまう、という事情があるからです。

ただこのタイプの直下型地震は、深いところ、すなわち、フィリピン海プレートの上面か内部で発生する小型のものと考えられています。

直下型地震で特に注意しなければならないのは、押されているプレートの内部で発生する浅発地震です。しかし、これはめったに起こりません。１８５５年（安政２年）11月11日に起きた安政の江戸地震がこのタイプと思われていました（ちなみに、この地震の規模はＭ７・０〜７・１）。しかしこれは、最近、潜り込むフィリピン海プレートの上部で発生した例だと推定されています。それ以来今日まで、このタイプの地震は、首都圏では発生していません。

安政江戸地震が発生した直前、相模トラフで発生したトラフ型に入ると思われる地震は、１８５３年の小田原付近の地震（Ｍ６・７）で、比較的小さい地震でした。想像するに、相模トラフ北端が割れて小田原付近で地震が発生したが、少ししか割れなかったために、境界からはずれたところで押されるプレートの内部が割れ、安政江戸地震の発生でひずみを解消したのではないでしょうか。そのようにして、プレート境界に蓄積されるひずみは解放されていきます。その意味では、これも広義の相模トラフ型地震といえるのかもしれません。

安政江戸地震の前後には、１８５４年にＭ８・４の地震が南海トラフで発生しています。これを安政南海地震と呼んでいます。このとき、南海トラフから相模トラフにかけて、ストレスが解放されるはずでした。ところが相模トラフでは、小さなひずみの解放があっただけで、江戸地震となったのでしょう。それでは、将来予想される地震が房総半島沖の相模トラフ中部付近で起こるとするならば、たぶん、首都圏には浅発型地震はないことになり、被害も想定しにくい状況になります。

また、プレート内型地震としては、13世紀に起きた正嘉の大地震を挙げることができます。この前後の状況は、以下のとおりです。

1241年（仁治2年）5月22日に、発生した津波で鎌倉の大仏まで波が被ったとされる地震（M7）が発生しています。この地震は、1200年±50年頃に起きた伊豆大島の巨大噴火と関連すると思われる地震ですが、相模トラフ型地震とすればやや小ぶりなものです。

この地震より16年後の1257年（正嘉1年）10月9日に発生したのが正嘉の大地震（M7～7・5）と思われます。房総半島で発生したこの大地震は、直接・間接に大被害をもたらした、プレート内直下型地震です。この地震は、日蓮*の『立正安国論』*執筆の直接のきっかけとなったとされており、日蓮は、同書の冒頭で次のように触れています。

旅客来たりて嘆いて曰《いわ》く、近年より近日に至るまで天変・地夭《ちよう》・飢饉疫癘《ききんえきれい》、遍《あまね》く天下に満ち、広く地上に迸《はびこ》る。牛馬巷《ちまた》にたおれ、骸骨路に充《み》てり。死を招くの輩《ともがら》、既《すで》に大半に越え、これを悲しまざる輩《やから》、敢《あ》えて一人もなし。

＊**日蓮、『立正安国論』**　鎌倉仏教の祖師の１人である日蓮（1222－82）が、1260年に著した仏教書。「安国論」ともいう。日蓮が当時打ち続いた天変地異と社会不安について思索した結果、正法である法華経に帰依することによって、国が安泰になるとの確信を深めて書かれたもの。

ところが、１９２３年に起きた関東大地震（関東大震災）の場合、直後の翌24年に丹沢山塊でＭ７・３の地震、１９３０年に北伊豆地震（Ｍ７・３）が起き、相模トラフ周辺に大被害をもたらしています。このようなケースでは、首都圏内での浅発地震は、相模トラフの北部が割れ、しかもそこであまり大きな地震（Ｍ７・４以上）が起こらなかった場合に限って発生しています。しかし、相模トラフ北部で大地震が発生すれば、フィリピン海プレート側近くの伊豆・丹沢方面は要注意ということになるでしょう。いずれにしても、プレート境界型の地震が発生する前後は、要注意だということになります。

しかし仮にこのような規則性が成立すれば、現在のところは、東京を含む地下深部でＭ６以上の地震が発生しやすいとみていいでしょうが、深いところで発生するため、大きな被害は考えづらい。また、相模湾型地震が発生したとして、その後の直下型地震は、東京より南に発生しやすいが、それにしても深いところ（太平洋プレートの内部）なので、大被害をもたらすとは考えにくいといえます。けれどもいずれにしても、十分な注意は必要でしょう。

典型的な首都直下地震の詳細検証

図18は、１６００年から現在に至るまで、首都直下型地震と、相模トラフ型大地震との関連を読み取れるように作ったものです。

過去、首都圏に大きな被害をもたらした地震を以下、挙げておきます。１６１５年に元和の江戸地震（M6¼～6¾）、1649年に慶安の江戸地震（M7・0）、1703年に元禄地震（M7・9～8・2）、1855年に安政江戸地震（M7・0～7・1）、1894年に明治関東（東京）地震（M7・0）、1923年に大正関東地震（関東大震災）が発生しています。

首都圏では、M8クラスのプレート境界型地震である関東地震タイプ（元禄地震や大正関東地震）が発生した約100年前から、M7クラスの地震が数回、発生しているという傾向が読み取れます。これはまったく〝仮の話〟ですが、もし22世紀初頭に関東地震タイプのM8級巨大地震が発生するとすれば、その100年前にあたる現在、そろそろM7クラスの首都圏直下地震に警戒が必要となってくるでしょう。

しかも、3・11東日本大地震はおそらく、関東地方の地震活動にも深い影響を及ぼしている、と予想できます。とりわけ、東京湾北部から千葉県北部にかけての地域、伊豆諸島から小笠原近海にかけての地域などにある断層で、地震が起こりやすくなっているという分析結果も出ています。伊豆諸島～小笠原諸島近海はちょうど、太平洋プレートがフィリピン海プレートの下に潜り込もうとしているプレート境界にあたります。

ここで、20年前に起きた首都圏直下型地震で読み取れた、直下型地震に特徴的な〝規則〟を、確認しておきましょう。

1992年2月2日午前4時、M5・7の地震が首都圏を襲いました。このとき東京は震度5でした。この地震の震源地は、浦賀水道の下90キロメートルのところで、関東地方の下に潜

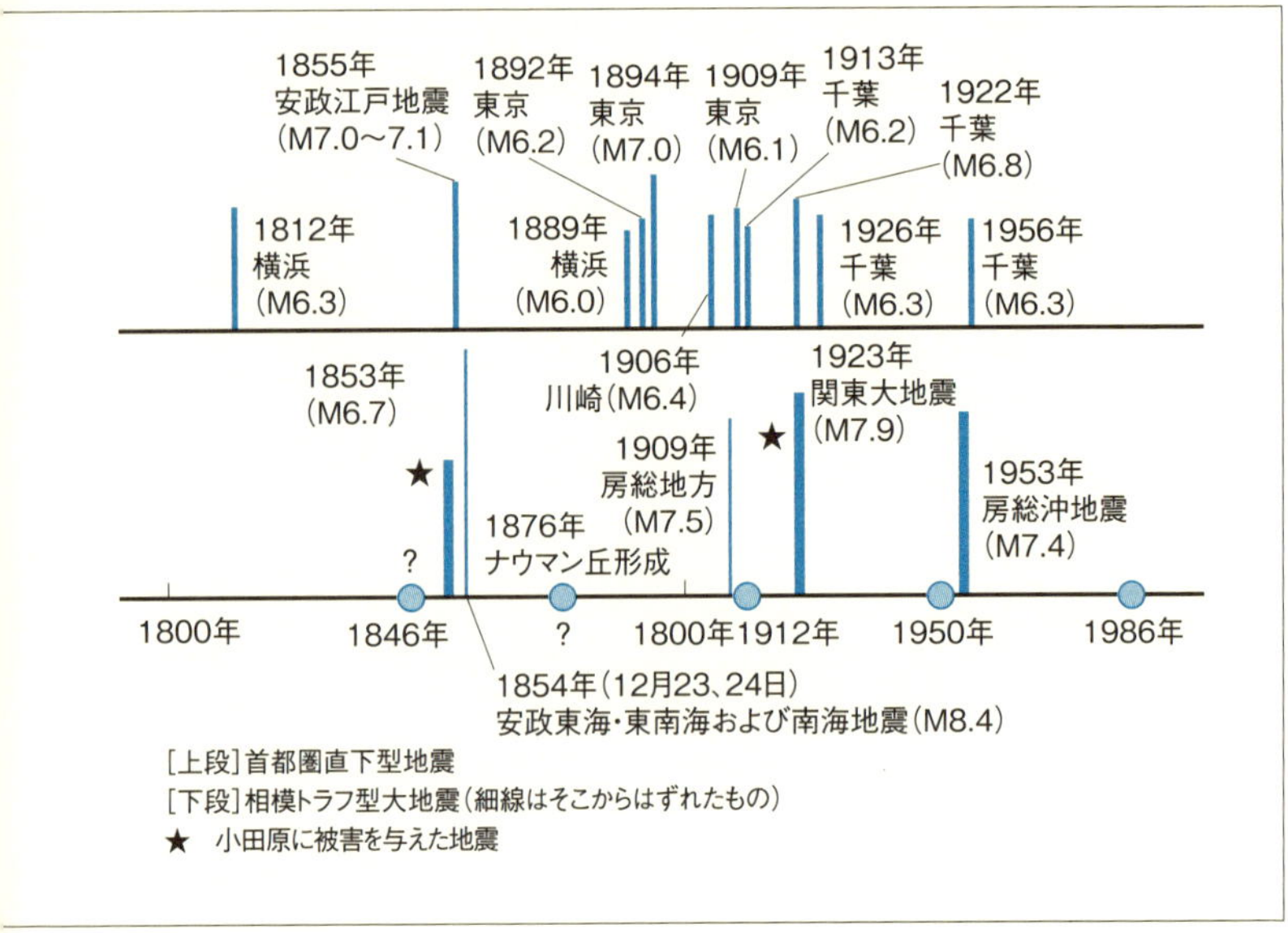

り込んでいる太平洋プレートの上面付近で起こったものでした。これは当時、大地震の前兆ではないかと大騒ぎになったのですが、木村氏は、この地震でわかった首都圏直下型地震の規則性を、そのとき次のようにまとめていました。

【1992年以前の、首都直下型地震の傾向】

①1600年以降の例では、首都圏を襲ったM6以上の地震はまず例外なく、相模トラフおよび付近の巨大地震の前後に集中して発生している（図18参照）。

②データのそろった20世紀の地震を例に挙げると、相模トラフで発生した1923年の大正関東地震、1953

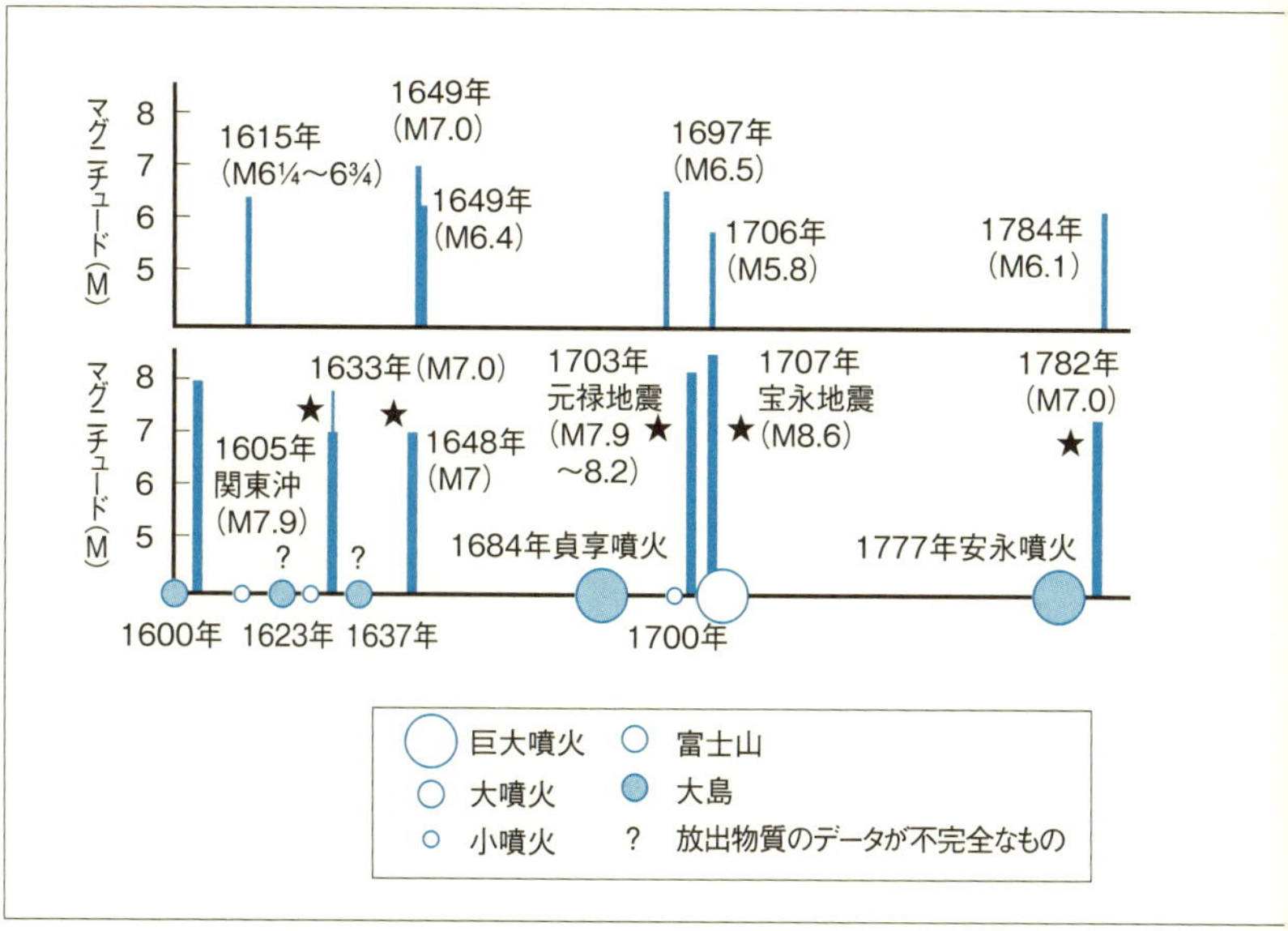

図18●首都圏直下型地震と相模トラフ型大地震の相関性（監修者作成）

年の房総沖地震の二つの大地震の前後、直下型地震が集中して起きていた。

③ところが、南海トラフで発生した１９４４年の東南海地震（Ｍ７・９）、１９４６年の南海地震（Ｍ８・０）のときには、直下型地震は発生していない。また、日本海溝で発生した１９３３年の三陸沖地震（Ｍ８・１）や、１９６８年の十勝沖地震（Ｍ７・９）のときも発生していない。１９５２年の根室沖地震（Ｍ８）は房総沖地震の発生時期と重なっているので、その影響についてははっきりしないが、おそらく、直接の影響はないと思われる。

以上に挙げた例からみて、首都圏および周辺のＭ６以上の地震発生は、少なくとも20世紀に入ってからは、相模トラフが動く時にのみ発生している――という傾向がみられる。

④さらに少し細かく見てみると、直下型地震の発生は、伊豆大島・三原山の大噴火時とも関連がみられる。

⑤相模トラフ型大地震の前後で、同じ首都圏でも、大局的に見て直下型地震の発生場所が、南と北に交互にシフトする傾向がみられる。

⑥そのずれ方（シフト）には規則性がみられる。たとえば関東大地震の前には首都圏南半部で直下型地震が発生し、関東大震災以降は北半部で発生している。次の房総沖地震の前には北半部で発生していて、房総沖地震発生以降には、南半部で発生している。

このように、直下型地震は首都圏の北半部と南半部で交互に発生する性質を持っている。

このような規則性からみて、とりわけ１９９２年２月に首都圏で起きた地震を検証すると……。

【1992年以降にうかがえる、首都圏直下地震の傾向】

①１９８６年に伊豆大島・三原山が大噴火した。その前の１９８０年から首都圏でＭ６以上の地震が発生し始めた。たとえば、１９８８年の地震（Ｍ６・０）の場合が、それにあたる。その後、今日に至るまで、そのクラスの地震は起きていない。今回のＭ６以上の首都圏型の地震発生のパターンは、関東地震前のパターンと似ているようにみえる。

また、２００５年７月23日午後４時35分に、千葉県北西部を中心とするＭ６の地震が起きている。この地震により、東京都足立区で震度５強、千葉県浦安市、埼玉県草加市、横浜市神奈川区などで震度５弱が観測されている。けれども深度は深く（約73キロメートル）、強い揺れは地盤の弱いところに集中していた。

②以上の規則性から今後を予想すると、１９８０年以降は首都圏型地震が発生しやすいようにみえる。おそらく伊豆大島・三原山の１９８６年の活動以降がより活発になるのではないかと予想される。

③直下型地震の発生場所については、関東・房総両地震前後でみられた規則性の示すように、今回は相模湾トラフ型地震が発生するまでは、首都圏北半部に発生しやすいのではないかと思われる。その意味ではこれからしばらく、北半部（東京湾を中心とした地域）が気にかかる。相模トラフ型地震発生後は、逆に南半部が要注意ということになろうか。この点については、内閣府や首都圏の１都３県の被害想定地震が、この内陸型直下地震を対象に挙げている（後述）。

④１９９２年2月2日の地震は、首都圏南半部で発生した。しかしこれは規模が小さく、これまでの議論には入らない地震ではあるが、これから南半部にも徐々に地震を発生させるエネルギーがたまってきたための現象と思われる。

前述した項目で述べたこととほぼ重なりますが、大事なことなので、首都圏型地震については再度、触れておきます。

首都圏の直下型地震は、三宅島や伊豆大島・三原山の噴火が目安となりますが、これまで大きな被害がなかったのは、ほとんどが深度が深く、しかも太平洋プレートの上面付近で発生したためでしょう。今後発生する直下型地震にも、このようなタイプの地震が多いと思われますが、万一小さな規模の地震でも陸側のプレート内で発生すると、当然、震源が浅くなる（直下型）ので、かなりな被害も予想されます。いずれにしても、しばらくは注意するべきときにあります。

また、首都圏の直下型地震の発生は、すでに指摘してきたように、20世紀に入ってからは、相模トラフ型地震が発生する時にかぎって起こっています。逆にいえば、これは、首都圏型直下地震が発生すれば、遠からず相模トラフ型地震が起こることを示しているととらえるべきでしょう。

東日本大地震以降の関東周辺に何が起きたか？

この項では、関東周辺を以下、三つのエリアに分けて、これからの危険度をチェックしてみました。

【関東地方……今心配な三つの空白域】

図19は、関東周辺の地震の空白域と、今までに起きた地震の震源域を示したものです。関東地方では今まで、銚子沖の空白域や房総半島南方沖の空白域（いずれもＭ６・５以下）を含め、房総半島東方沖・鹿島灘沖などに空白域がありました。

ところが東日本大地震が発生したため、ストレスが解消された可能性が出てきました。ただ問題は、あとどれだけのストレスが残っているかによります。

この周辺で最大の地震空白域は、房総東方沖空白域ですが、ここはかつて１６７７年に延宝地震（Ｍ８・０）が発生したところです。ただし最近、ここですでにＭ６・１の地震が発生しています。鹿島灘の地震空白域については以前、伊豆大島・三原山の噴火との関連から、１９９５年頃を危険な時期と推定されていたのですが、結局、東日本大地震の一部として起きた地震で、鹿島灘のストレスは抜けたとみていいようです。

ここで、国が指摘している、東京湾深奥部を地震の空白域とみていいのかどうかという問題になるのですが、実際、ここでは１９９８年にＭ５・１の地震が起こっています。そして一時期、東京湾北部に「地震の目」らしいものが形成されつつあったのですが、東日本大地震が起こったせいか、この「地震の目」は２０１１年3月以降、消え去っています。ほかに、たしかに「第1種空白域」（後述）は存在するものの、まだ「地震の目」と思《おぼ》しきものは発生していません。

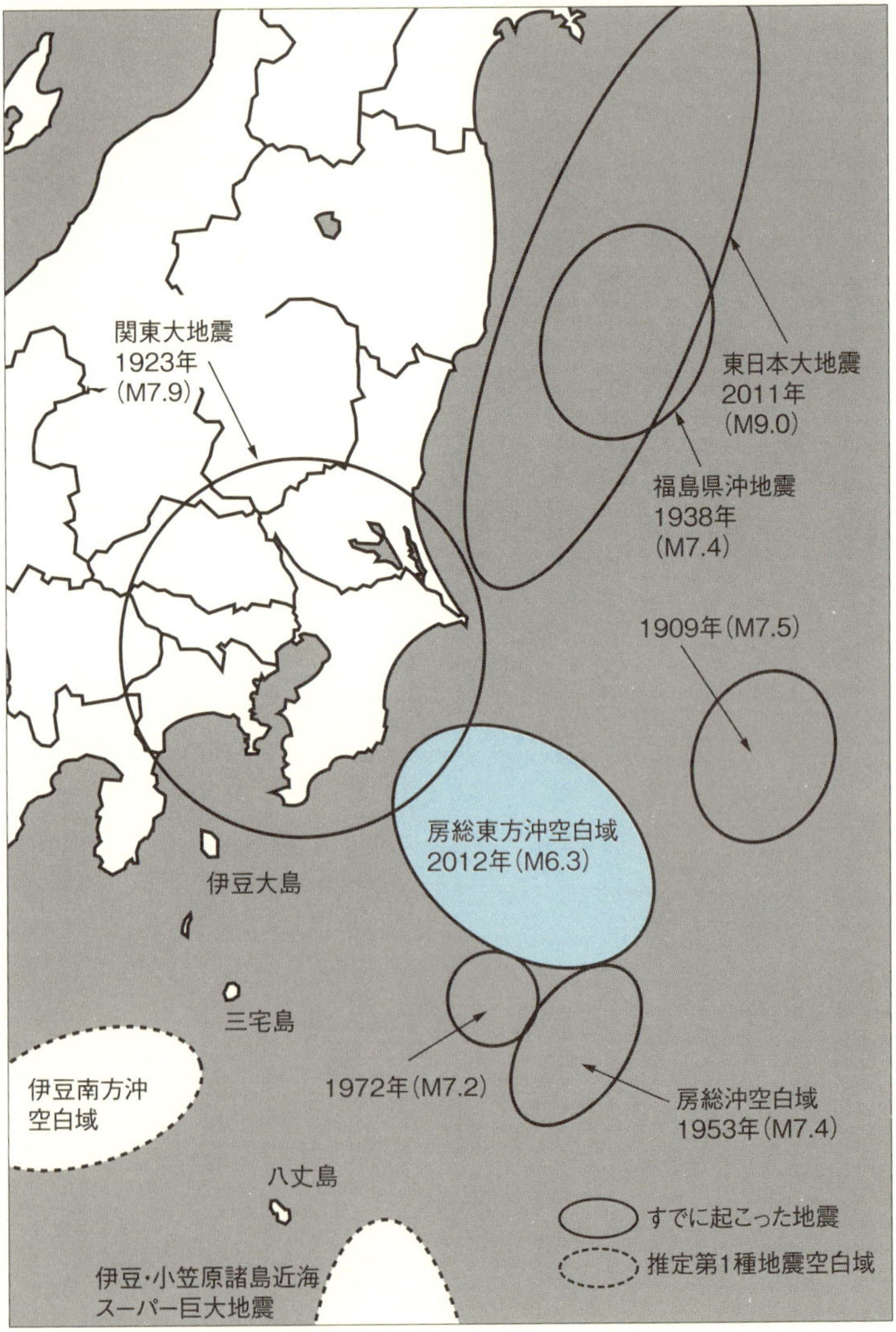

図19●注意すべき関東の空白域

【房総半島東方沖】

この地域は、じつは２０１１年後半までは、危険な地域としてチェックしていました。木村氏も『いま注意すべき大地震』（青春出版社刊）で「２０１２年頃の大地震が気にかかる」と指摘したところでもありました。ところがその後、２０１２年になってＭ６クラスの地震が起きました。

ここは１６７７年、延宝地震（Ｍ８・０）により、津波を発生させた震央に近いので、注意が必要なところです。このあたりの地震には一定の規則性があり、最初に伊豆大島・三原山が大噴火し、そののち、北海道や東北で地震が起きます。そのうち三宅島や三原山が噴火したあとにやってくるのが、南関東で起きる大地震です。

この規則性は、関東大地震（関東大震災）の場合も同じように現われています。

１９１２年に伊豆大島・三原山が噴火し、その後１９１８年に、千島列島の一つ、得撫《ウルップ》島沖で巨大地震（Ｍ８・２）が発生し、関東大震災の半年前になって、伊豆大島・三原山でまた小規模の噴火を記録しています。

直近の例では、１９８６年に伊豆大島・三原山が大噴火し、１９９３年～94年にかけて、北海道釧路沖（釧路沖地震）や奥尻島沖（北海道南西沖地震）、色丹《しこたん》島沖（北海道東方沖地震）で大地震が続発しました。Ｍ７・８の地震が1度、Ｍ８・２の巨大地震が1度起きています。

そして２０１１年、東日本大地震が発生しました。ここまでの流れの規則性は、不気味なくらい一致しています。

ここに述べた北海道・東北の地震シリーズは、１９９２年に東北沖で発生した「ゆっくり地震」のあと、活動的になったのですが、同じ１９９２年、房総沖でも「ゆっくり地震」が発生しているのは、なにやら意味ありげで不気味な感じがします。

というのもそのあとに、その付近で通常の大地震が発生しやすいからです。現在のところ、伊豆大島・三原山の大噴火と東北の地震シリーズは終わっています。仮に三原山が大噴火すれば、その次にくるのが、南関東の大地震です。その前には、三原山の小噴火を伴うことがあります。


【千葉県北東部】


東日本大地震の前には、千葉県北東部に現われた地震空白域が心配されていました。

ここは１９８７年にＭ６・７の千葉県東方沖地震があったところです。そしてその後は今に至るまで、そこから銚子にかけてのエリアで地震活動が活発化していました。けれどもそれは、東日本大地震の影響（ゴースト）によるものと考えられ、東日本大地震が発生したあとは、大地震を発生させるエネルギーはないでしょうが、Ｍ６・５以下の地震は油断できません。

モーメントマグニチュード（Mw）は超巨大地震を正確に反映

ところで、地震の規模を示すマグニチュードには、その計算の仕方によってさまざまな種類があります。前述してきたような、日本で一般的なマグニチュードは「気象庁マグニチュード」と呼ばれています。気象庁マグニチュードは、周期の短い（小刻みな）揺れの大きさを計測し、そこから計算によって算出されます。けれども規模の大きな地震は、周期の長い（ゆったりとした）揺れの割合が多くなる性質を持っています。

巨大地震や超巨大地震のマグニチュードを正確に求めるためには、より周期の長い揺れについても、考慮しておく必要が生じます。断層の規模と運動から求められたマグニチュードは、「モーメントマグニチュード」（略記「Mw」）と呼ばれています。スマトラ島沖超巨大地震はＭ９・１、Mw９・０に達しました（『理科年表』〔２０１２年版〕）。

このモーメントマグニチュードという算出方法は、１９７７年、カリフォルニア工科大学名誉教授の金森博雄博士らによって、地震を起こした断層運動の強さを物理的に示すことが可能になったため、普及するようになりました。従来のマグニチュードよりも地震の破壊エネルギーをより正確に示すことができます。Ｍ９・０というのは、巨大地震や超巨大地震のマグニチュードを正確に求めるため、モーメントマグニチュードを採用した結果、出てきた数値です。

なお、津波の大きさから求められる「津波マグニチュード（Mt）」も、超巨大地震の指標として、よく用いられています。低周波地震では、表面波マグニチュード・実体波マグニチュード・気象庁マグニチュードを用いると、地震の規模が実際よりも小さく評価される傾向があり

＊**気象庁震度階級**　震度は、ある場所がどれくらい揺れたかを示す指標。気象庁による震度階級のうち、５強～７の概要を以下、まとめた。震度５強：大半の人が物につかまらないと歩けない。震度６弱：立っていることが困難になり、固定していない家具の多くが倒れる。（次ページに続く）

ます。そのため、1981年、津波を用いたマグニチュードも考案されたのです。これは津波の高さと、伝達距離を計算式に挿入して、結果を出す手法です。ほかに気象庁では「震度階級」*(注参照)も用いられています。

3・11東日本大地震で最大の想定外とされたのは、じつは〝M9という地震の規模〟だったといわれています。もともと、気象庁のマグニチュードにM9は存在しなかったからです。3・11東日本大地震が起こるまで、日本の気象庁が用いるマグニチュード(気象庁マグニチュード)では最大〝M8〟クラスで終わりなのです。そのため気象庁は当初、東日本大地震を「M7・9」(速報値)とし、その約1時間後「M8・4」(暫定値)としましたが、その1時間半後はMw(モーメントマグニチュード)を採用して「Mw8・8」とし、13日になって、「Mw9・0」と発表しています。ちなみに『理科年表』(2012年版)によれば、東日本大地震はM9・0で、Mw9・1とされています。本書の図21では、「M8±」として示してあります。

次章では、この東日本大地震を再検証し、地震〝予知〟にさらに踏み込んでいきましょう。

(前ページより続く)震度6強〜7:立っていることができず、這わないと動くことができない。揺れに翻弄され、飛ばされることも。兵庫県南部地震(震度7)では、テレビやピアノが飛んだというケースもある。窓ガラスや壁のタイルの落下、補強されているブロック塀すらも倒壊する。

column

富士山“大噴火”を検証する....❷

❖――富士山噴火に直結する五つの兆候が見つかった!?

東日本大地震の震源域は、長さおよそ450キロメートル、幅は約200キロメートルに及んだ広大なものであることが、幾多のデータからわかってきました。ところが、震源域の北限のさらに北の端にあたる「三陸沖北部」と南限のさらに南の端にあたる「房総沖」では、今までのところ断層の大破壊が起こらないまま、時間が経過しています。そのためこの圧力は、近くの火山のマグマ溜まりに及び、火山活動に影響を及ぼすことになります。

地震のあとに起こる噴火の場合は、地震前の噴火とは逆に、震央(地震が発生した地下の震源の真上にあたる、いわば地図上の地点)に近い火山ほど早い時期に噴火し、遠くにある火山の噴火は、数年以上後にずれ込みます。プレートが動くことで生じる圧力は、震央に近い火山のマグマに速く及び、遠い火山に到達するには時間がかかることになります。三陸沖と房総沖に、距離的に近い火山は噴火しやすい状態にある、と判断していいようです。

三陸沖に近い火山には有珠山、樽前山、十勝岳などがあり、房総沖に近い火山は、浅間山、伊豆諸島の山々、それに富士山があります。

一方で、3・11東日本大地震の直後から、全国の火山周辺で地震活動が活発になってきています。大地震の4日後の2011年3月15日には、富士山直下を震源とする静岡県東部地震(M6.4)が起きています。震源の深さは15キロメートルと比較的浅かったため揺れは大きく、富士宮市で震度6強を記録しています。

また、富士山に近い神奈川県西部に聳《そび》える箱根山周辺では、この大地震直後としばらくたった3月下旬にかけて地震活動が活発になっていました。3月21日には同県西部の駒ヶ岳を震源とする地震(M4.2)が発生し、このとき箱根町などで震度2を記録

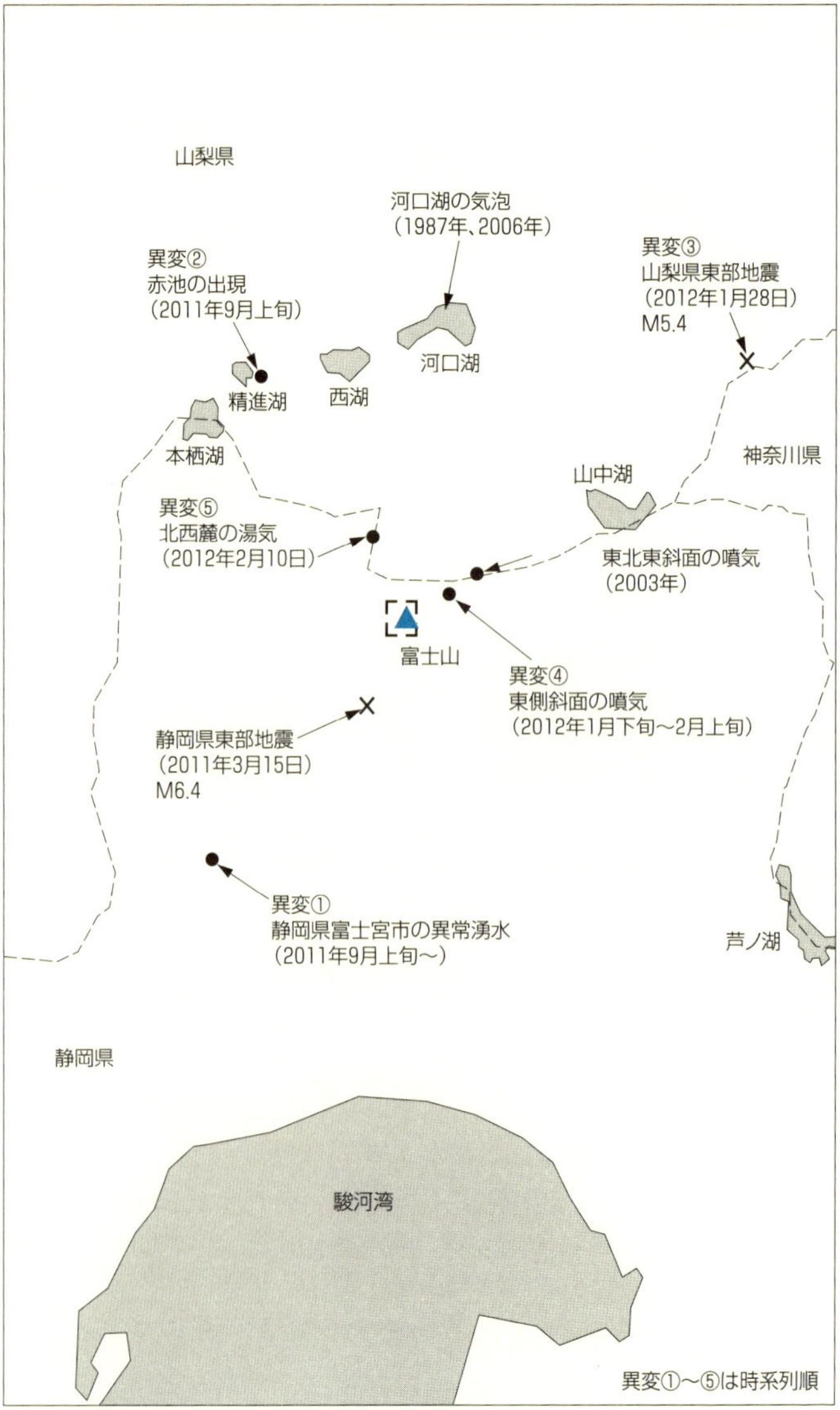
山梨県
河口湖の気泡
（1987年、2006年）
異変②
赤池の出現
（2011年9月上旬）
異変③
山梨県東部地震
（2012年1月28日）
M5.4
西湖
河口湖
精進湖
本栖湖
神奈川県
山中湖
異変⑤
北西麓の湯気
（2012年2月10日）
東北東斜面の噴気
（2003年）
富士山
異変④
東側斜面の噴気
（2012年1月下旬～2月上旬）
静岡県東部地震
（2011年3月15日）
M6.4
異変①
静岡県富士宮市の異常湧水
（2011年9月上旬～）
芦ノ湖
静岡県
駿河湾
異変①～⑤は時系列順

図A● 富士山周辺で起きた主な異変の発生地

しています。

このほかさらに日光白根山（栃木県・群馬県）、伊豆大島・三原山（東京都）、新島（同）、神津島（同）、焼岳（長野・岐阜県）、乗鞍岳（同）、鶴見岳・伽藍岳（大分県）、九重山（同）、阿蘇山（熊本県）、中之島（鹿児島県）、諏訪之瀬島（同）など、少なくとも13の火山の周辺で地震が観測されています。

そのような地殻の大変動を背景に、富士山噴火の兆候がしだいに明瞭になってきました。

図Aは、1987年から現在まで、とりわけ東日本大地震と富士山を中心に起きた異変を、時間の経過に従って地図上に示したものです。

富士山噴火の可能性を示唆する現象は、周辺の火山活動や地震活動が活発になっていることからもわかります。その最大の目安となるのが、三宅島と伊豆大島・三原山の状態です。三宅島、三原山と富士山は、同じフィリピン海プレート上にあります。地質学的には、兄弟といってもいい間柄にある火山です。

1986年に伊豆大島・三原山が噴火し、約1年ほど噴火が続いたその2年後、1989年になって（三原山の噴火からは3年目）、伊豆大島と富士山のちょうど中間地点に位置する伊東市沖合で、手石海丘と呼ばれる海底火山が爆発しました。

伊豆諸島での1910年以降の主な噴火活動を見てみると、1910年代に伊豆大島が噴火（1912〜14年）し、次に約30年を経た1950年代に噴火（1950〜51年）、さらに同じく約30年後の1980年代に噴火（1986〜87年）しています。

この1980年代には、三宅島の噴火（1983年）と歴史上初の手石海丘の噴火（1989年）も起こっています。また、三宅島は先の伊豆大島の無噴火期を縫うようにして1940年代（1940年に噴火）、1960年代（1962年に噴火）、2000年代（2000年に噴火）の発生をみています。

仮に手石海丘の噴火が噴火活動の北上を示しているのなら、その3年後、はたして富士山の噴火が後に続くことになるのでしょうか？

ところが実際は、2000年になって、再び三宅島が噴火するコースをたどっています。結局、同じフィリピン海プレート上の火山が活発に活動するなか、富士山だけがまだ活動を始めていない、という状態になっています。あとでわかったことですが、三宅島の噴火は、同年6月に起きた三宅島近海地震（M6.5）が影響したものと思われます。

けれども、2009年には駿河湾地震（M6.5）が起こっており、震源となったのは、フィリピン海プレートに押される南海トラフの東端近くにあたります。大きな地震が起きると、周辺の地殻に与える力に変化が生じます。こういった現象を「応力変化」と呼んでいますが、この応力変化は、近くにある火山の噴火を誘発することがあります。すでに述べたように、震央の地表から火山までの距離と、噴火までの時間には相関関係が存在します。

駿河湾地震の震央から富士山までの距離は、約80キロメートルと比較的近いため、木村氏は、富士山直下に溜まっているマグマの量によっては、１年以内にも噴火するという結論を導き出しました。これは、「噴火の目」による噴火予測ときわめて近い数字です。

すでに、東日本大地震によって、房総沖にこれから強い圧力が加わっていきます。この圧力は近くの火山のマグマ溜まりにも及び、火山活動に影響を与えることになるでしょう。したがって、こうした周辺の火山や地震活動は、それ自体が富士山噴火の予兆とみなすこともできるでしょう。

山梨側からの富士
裾野に及んだ富士山噴火の溶岩流は「富士五湖」を形成し、青木ヶ原の樹海にもその姿を残している。

Verification:Earthquake which occurs directly beneath Tokyo
and giant earthquake

第3章

東日本大地震を検証し、地震予知の精度を上げる

3-1 地震予知へのアプローチ

〈確率論的地震動予測地図〉は〝予測〟できていない!!

《プロローグ》にも記したように、3・11東日本大地震（M9・0、Mw9・1）が起きたあとでさえ、テレビやメディアで今回起きた地震と津波を「想定外」と語った解説者は数多くいました。

ではいったい、「想定内」の地震とは何を指していたのでしょうか？　それは、日本政府の地震調査研究推進本部（14ページ参照）が仮定した、地域ごとの固有地震を指して言っているのだと思われます。これは、それぞれの地域に対して、断層パラメーターなどを入力データとして、〈確率論的地震動予測地図〉を導き出していることを指しています。この地震の予測地図は、物事が起こる確からしさを表わす数学上の指標である〝確率〟を用いて示した、単なるモデルにすぎないことは前述しました。

そして、この地図で最も危険だと評価されているのが、東海・東南海・南海という、あらかじめ決められた三つの地域の〈シナリオ地震〉です。言い方を変えれば、最初からこれら三つの地域はすでに危険だからと、いわば重要度を決めて（シナリオの筋道を決めて）かかったうえで、確率を用いて地図作りをしているからだ、と繰り返し記しておきます。

しかし実際には、読者の皆さんもご存じのように、１９７９年以降、10人以上の死者を出した地震は、この〈確率論的地震動予測地図〉上で、比較的リスクが低いとされた場所でばかり発生したのです。新潟県中越地震、新潟県中越沖地震、兵庫県南部地震、東日本大地震しかり、すべて評価の低いところで起こった地震でした。

東京大学のロバート・ゲラー教授が「この矛盾からだけでも、確率論的地震動予測地図およびその作成に用いられた方法に欠陥があること、したがって破棄すべきであることが強く示唆される」と言及したことは、何度でも語らねばなりません。この指摘は、イギリスの科学論文誌『nature』（２０１１年4月28号）に掲載されたものですが、ゲラー教授自ら日本語訳しています。

さらに、ゲラー教授は「世界の地震活動と東北地方の歴史記録が、地震の危険性を見積もるときに考慮されていれば、もちろん時間・震源・マグニチュードを特定するのは無理としても、3月11日の東北地震は一般には容易に『想定』できたはずである。とりわけ、１８９６年に起きた明治三陸津波はよく認知されており、かつ記録もなされているので、こうした地震への対策は、福島原子力発電所の設計段階で検討することは可能であったし、当然そうすべきであった」（前同）と付け加えています。ここで「歴史的記録」とは、８６９年の貞観津波と前記の明治三陸津波をもたらした地震などを指すものです。

図20（口絵2ページ掲載）は、２０１０年に地震調査研究推進本部の発表した〈全国地震動予測地図〉上に、ゲラー教授の指摘した東日本大地震の震源域、東日本大地震の予知に成功した木村政昭氏らの指摘を書き込んだものです。

図20を見ればおわかりのように、南海トラフに沿って並ぶ、3連動タイプの巨大地震の部屋（ブロック）とされた、東海地震の予想震源域・東南海地震の予想震源域・南海地震の予想震源域に対応する陸上部分は、地図が真っ赤に塗られています。

この地図はさらに、今年（２０１２年）8月29日に有識者会議によって発表された「南海トラフ地震、Ｍ９・１が発生すれば、最悪32万人死亡」というショッキングな内容とも、重なってきます。もっとも有識者会議は「最悪クラスの地震が起きる可能性は低い」という一言を付け加えることも、忘れてはいません。

東日本大地震が、科学的に予知できたとは何を意味するのか？

これも《プロローグ》に記しましたが、地震を予知するうえで「①いつ、②どこで、③どの程度の大きさの地震が発生するのか」という3要素を明らかにした〝地震像〟を示さなければ、予知できたことにはならないはずです。そして最もむずかしい「その地震がいつ起こるか」についてアプローチしていかねばなりません。

これまで行政が指導してきた地震予知は、客観性という観点から、地震の繰り返し期間を確率論的に求める方法が採られてきました。これでは、都道府県ごとに「どこに、いつ頃、どの程度の揺れの大地震が襲ってくるか」といった現実的な見方には対処できていません。

ところが木村氏は、のちに述べる「地震の目」と「噴火と地震の時空ダイヤグラム」などの方法を組み合わせることによって、地震予知の３要素の精度を高めることに成功しています。

とりわけ２０００年代に入ってからは、氏の提唱した「日本列島断層」に沿うような形で地震の震央が南下する傾向にあることをつかみ、直下型地震や日本列島断層外縁で起こった地震も予測してきました。そして、兵庫県南部地震をはじめとして、新潟県中越地震、石垣島南方沖地震、鳥取県西部地震などの発生を事前に予測し、火山噴火に関しては、１９８６年の伊豆大島・三原山の噴火、１９９１年の雲仙・普賢岳の噴火予測などにも成功しています。

では実際に、どういった手法と分析で、桁《けた》はずれな超巨大地震＝東日本大地震の発生を予知できたのでしょうか？　このプロセスを詳しく検証することで、これから起こる地震の予知にも、道が開けてくるかもしれません。

図21（口絵３ページ掲載）は、２００７年に沖縄県宜野湾《ぎのわん》市で開かれた国際会議の第21回太平洋学術会議の講演において、木村政昭氏が東日本大地震の可能性について発表したときの講演資料です。前述したように、琉球大学から木村氏とともに古川雅英氏、立正大学から小川進氏が参加し、この３人の共同研究の成果として、発表された講演には、「太平洋プレート西縁

で行なわれている地殻変動を示す琉球列島の海底遺跡」と題するタイトルが付けられていました。図21に書き込んであるとおり、来るべき地震の起こる場所は「東日本太平洋沖」、発生時期は「２００５年±５年」、地震の規模は「Ｍ８±」としてあります。この地震の規模に関しては、当時日本では、ゲラー教授の指摘どおり、Ｍ８以上の地震は起こらないだろうとされ、気象庁にはＭ９がなかったため、やむなくＭ８±の＋（プラス）にそれを含んで発表されています。けれども、実際には133ページの図24で見るとおり、また図21の赤い楕円形に示すように、「地震の目」が表わす楕円形の長径から計算して〈Ｍ９・３〉という、信じられないような巨大な規模になる可能性が出ていたのです。

　そもそも木村氏が東日本（東北の三陸沖）に注目し、ここらあたりを調べ直すきっかけとなったのは、ある二つの巨大地震が連続して起きていたからです。

　もともと木村氏は、１９６０年のチリ地震以来続いていた、環太平洋全域にわたる「地球規模のグローバルな変動」が気になっていました。そのようなとき、２００６年と２００７年に千島（クリル）列島付近で相次いで、Ｍ８・３とＭ８・１の巨大地震が発生し、この巨大地震により、アリューシャン列島沖に大規模な津波が発生しました。この巨大地震と津波の発生は、太平洋プレート西縁（環太平洋の最西端）における、新たなサイクルの地殻変動が始まる兆候ではないかと危惧し、そこで、日本近海で巨大地震が起こる可能性を再度チェックするという作業に入ったということです。

木村氏はかねてから、火山の噴火活動と地震の関係から、地震を予測していました。そのうえ従来のデータから判断して、東北地方で長く地震が起きていないのも、この地域が不気味に思えた理由の一つでした。火山噴火と地震の関係についてはあとに詳しく述べますが、氏は長年、伊豆大島・三原山の噴火に注目してきました。たとえば、１９１２年に三原山が噴火し、その11年後の１９２３年、関東大地震（関東大震災、Ｍ７・９）が起きています。また１９５０年の三原山噴火から3年後の１９５３年、房総沖地震（Ｍ７・４）が起きています。前者の場合、三原山からおよそ80キロメートル離れた地点が震源となり、後者の場合、震源は火山から２３０キロメートル離れていました。このような火山と地震の震源との距離と経過時間の関係は、のちに時空関係のグラフ（ダイヤグラム）として示せるようになりました。

１９４０年から東北・北関東一帯で、火山が相次いで噴火し始めました。１９４０年の蔵王山、１９４４年の栗駒山、１９７０年の秋田駒ヶ岳、１９７４年の鳥海山、それに加えて、１９８３年、１９９０年、２００３年と噴火がとぎれとぎれに続いた浅間山の噴火……。ところが１９８０年代に入って、噴火もみられなくなってきました。けれどもこのままでは、１９７０年代の噴火以後の、（太平洋プレートからの圧縮応力による）ストレスが抜けたはずはなく、そのうち東北でストレスを抜くための巨大な地震が発生しないと、このストレスは抜けないだろう――と、東北に対する氏の考え方が、このあたりからはっきり変わってきたそうです。

火山活動が起きたあと、地震が発生するという関係を一目でわかるように工夫したグラフが、

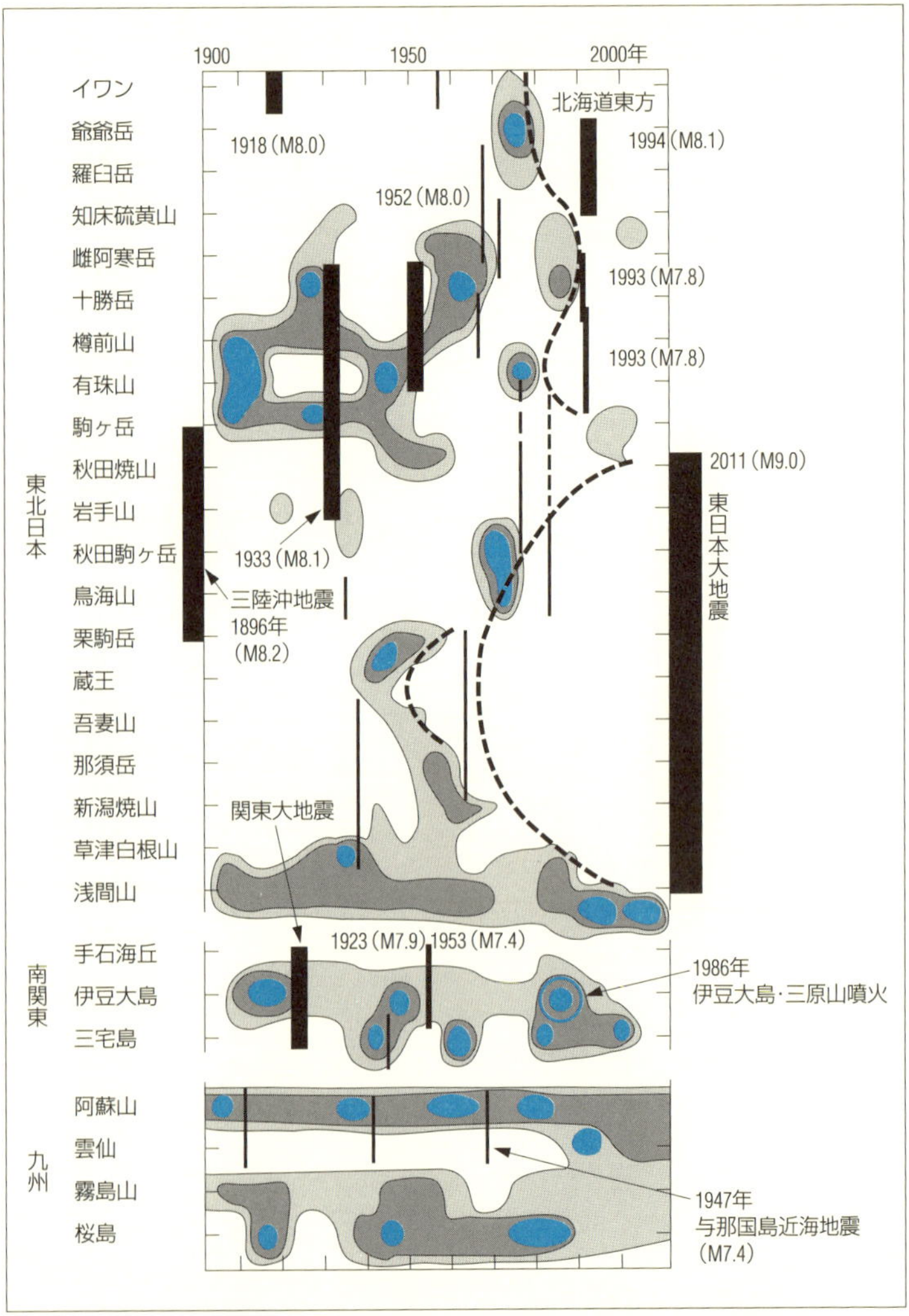

図22●日本付近の噴火（青ベタ印）と大地震（棒線）との関係
——火山活動活発化→大地震のパターンがよく示されている

図22です。この図は、東日本大地震と東北の火山活動との関連を示しています。１９００年以降、青ベタ印（●）の部分で噴火が起き、しばらくたって縦の線（地震）が必ず起きていることを示しています。それだけでなく、火山活動があったにもかかわらず時間が経過しても（目線を図の右端に移動させていっても）縦の線が書き込まれていない場合は、地震が起きていない〝空白域〟がある、ということになります。

この図はもともと、「火山活動の活発化→大地震」を示そうとしたもので、図の縦軸は北海道から九州にかけての火山の噴火活動を示し、横軸は時間の経過とともに、火山の噴火したあと地震が発生するようすを示しています。赤ベタ印（ハッチ）は火山の噴火を、縦の棒線はＭ６・５以上の地震で、太さは地震の規模、長さは震源域を表わしています。右端中央の太い点線で囲まれた半円形の空白域が、じつはこれから起きる巨大地震の巨大さ（震源域が数ヵ所にわたり、規模が大きいこと）を示しています。この図22の太い点線で囲まれた領域の大きさがＭ《マグニチュード》の数値の大小を表わします。木村氏は後述する「地震の目」の検出にあたっては、最初から迷わずＭ７・５規模の大地震が東北・三陸沖でどのように起こっていたかを調べ、それによって想定される予想震源域の広がり（地震空白域）に注意していったとのことです。

通常、噴火が起きて数年から20年ほどで地震が起きるのですが、東日本大地震の場合は、噴火から数十年が必要だったのでしょう。それだけに、図22からもおわかりのように、きわめて大きな空白域ができていたのです。

「時空ダイヤグラム」から東日本大地震の発生時期を絞り込む

次に、図23と表１を見てください。

表１は、東北〜関東で噴火した火山と東日本大地震の震央までの距離と、噴火の発生年、さらに西南日本で発生した地震と発生年、東日本大地震が発生するまでの年数のデータをまとめたものです。

図23は、表１のデータを、縦軸に地震・火山の噴火からの経過年数、横軸に東日本大地震の震央から火山・地震の起きた場所までの距離をとって、グラフにプロットしていった「時空ダイヤグラム」です。この図23に表わされたものは、東北の火山噴火や関東・中部の火山噴火、それに西南日本の内陸型地震をプロットしていってできあがった、東日本大地震との関係を示す〝時空ダイヤグラム曲線〟、ということになります。

この「時空ダイヤグラム」の基となった考え方は、あとに詳述しますが、来るべき地震が噴火した火山から近ければ、大地震は遅れてやってくるということです。ところが遠いところで起こった火山噴火は、比較的早い時間で地震発生に至ります。

図23に見るように、大地震（この場合は、東日本大地震）の震央に近い火山ほど早く噴火が始まっており、遠い火山ほど遅れて噴火が始まっていることがわかります。たとえば、図23の左側、震央から２００〜２５０キロメートル離れている東北の火山噴火は１９４０年代から始

◆表1　東日本大地震の震央までの距離と年数のデータ（火山と地震を対象）

火山	位置（北緯、東経）	主噴火年	震央距離（km）	地震発生までの年数
駒ヶ岳	42° 03′ 48″、140° 40′ 38″	1996、南火口形成	477	15
秋田焼山	39° 57′ 50″、140° 45′ 25″	1948、噴火	275	63
岩手山	39° 51′ 09″、141° 00′ 04″	1959、噴気活動活発化	252	52
秋田駒ヶ岳	39° 45′ 40″、140° 47′ 58″	1970、1.7×106	256	41
鳥海山	39° 05′ 57″、140° 02′ 56″	1974、泥流、降灰	269	37
栗駒山	38° 57′ 39″、140° 47′ 18″	1944、小噴火	204	67
蔵王山	38° 08′ 37″、140° 26′ 24″	1940、新噴気孔	212	71
吾妻山	37° 44′ 07″、140° 14′ 40″	1950、噴火（大穴）	234	61
那須岳	37° 07′ 02″、139° 57′ 46″	1953、小噴火	278	58
新潟焼山	36° 55′ 15″、138° 02′ 09″	1983、水蒸気爆発、小噴火	446	28
草津白根山	36° 37′ 22″、138° 31′ 40″	1976、水蒸気爆発、死3	417	35
浅間山	26° 24′ 23″、138° 31′ 23″	1983、爆発音、光、火柱	428	28
焼岳	36° 13′ 37″、137° 35′ 13″	1995、水蒸気爆発、死4	512	16
御嶽山	35° 53′ 34″、137° 28′ 49″	1991、1979年以来初火山灰	538	20
手石海丘	34° 54′ 11″、139° 05′ 41″	1989、海底噴火	490	22
伊豆大島	34° 43′ 17″、139° 23′ 52″	1986、大噴火、溶岩流出	489	25
三宅島	34° 05′ 37″、139° 31′ 36″	1983、大噴火、溶岩流出	537	28
内陸地震				
日本海中部地震	40.4°、139.1°	1983、M7.7	413	28
北海道南西沖地震	42.8°、139.2°	1993、M7.8	607	18
兵庫県南部地震	34.6°、135.0°	1995、M7.3	805	16
鳥取県西部地震	35.3°、133.3°	2000、M7.3	909	11
福岡県西方沖地震	33.7°、130.2°	2005、M7.0	1242	6

まっています。ところが関東・中部の浅間山の主噴火は１９８３年で、震源から４００キロメートル以上離れています。一方、震源から４８９キロメートル離れていた伊豆大島・三原山の主噴火は１９８６年で、遅かったといえます。これは、東日本大地震の震源（震央）に近い火山ほど早く噴火し、離れている三原山はより遅く噴火していることを示しています。じつはこの関係は、太平洋プレートの影響を強く受けています。

噴火した火山と震央までの距離について、わかりやすい例を挙げておきます。震央から２０

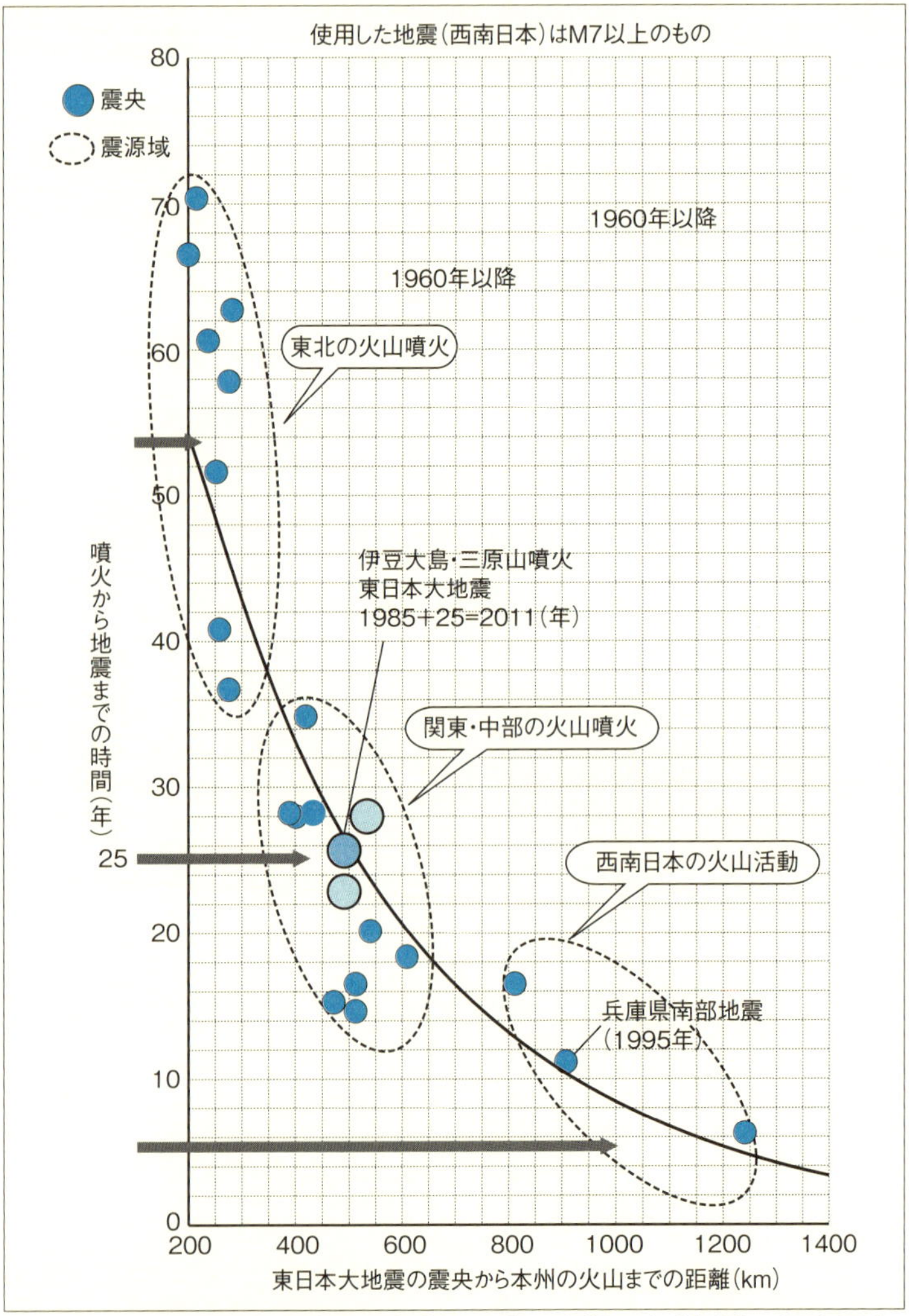

図23●2011年東日本大地震と東北〜関東・中部の火山活動、西南日本の内陸型地震との関係

０キロメートル離れたところでは、噴火は約70年前に起きています。宮城・山形県境にある蔵王山も１９４０年に噴火しているので、この例に当てはまります。ところが、震央から約５０ ０キロメートル離れた場所では、十数年前に噴火しています。これに該当するのが、長野・群馬県境にある浅間山の噴火です。

このことから、プレート境界のような大きな断層が割れるときには、プレート境界（日本海溝）が近くにある火山にはプレートの圧力がすぐに届きます。ところが遠いところには、だいぶのちになって届くことになります。このようにして、東日本大地震は発生する70年前から警告されていたことになります。

この「時空ダイヤグラム曲線」の使い方を以下、具体的な例で述べておきます。図23の、たとえば伊豆大島・三原山の噴火（１９８６年）に注目すると、東日本大地震の震央までの距離は正確には４８９キロメートルほどあるので、横軸の４８９キロメートル前後のポイントから地図を上にたどり、曲線と交わった点から縦軸の数字を読み取ると（図には書き入れましたが）、25年という数字が読み取れます。それに三原山の噴火した年１９８６に［誤差±３年］を加えた数字が、地震が発生するおおよその時期を示している、と判断します。つまり、１９８６＋25±３＝２０１１年±３年という結果が得られます。これが、おおよその発生時期となります。実際には、２０１１年にスーパー巨大地震が発生しました。

この関係は、内陸性の地震と東日本大地震との関係にも当てはまることがわかりました。たとえば内陸性の兵庫県南部地震を例に取ると、発生は１９９５年、距離は東日本大地震の震源域からおおよそ９５０キロメートル離れているので、縦軸の年数は12年を示しています。そこで１９９５＋12±３＝２００７年±３年という結果が得られ、これは東日本大地震がおおむね２０１０年頃までに起きる、と予想できます。なんと、兵庫県南部地震も、東日本大地震を予知していたということになります。こうなると、火山がない地域でも、内陸性の地震から、プレート境界型の大地震の予知ができることになります。

これだけだと、まだ〝震源域〟を明確に決めるうえで曖昧さが残っています。そこでさらに東日本大地震の震源域、もしくは本震の震央（地震発生の中央域）と思《おぼ》しきあたりにおおよその見当をつけていくうえで欠かせない作業が、地図上ではっきりとした「地震の目」を見つけ出すということです。

これは、時間とともに記録した、三陸沖を中心として起こった地震発生回数の棒グラフを参考に、「地震の目」が立ち上がった年（時間）を確定し、「『地震の目』の立ち上がりからおよそ30年後に本震が起きる」というルールから再度、本震の発生時期を絞り込んでいくという作業です。それによって、東日本大地震の〝地震像〟がしだいにはっきりしてきます。

「地震の目」で本震の震央と発生年を絞り込んでいく

ここで、どこで地震が起こるのかを精度よく予測していくいちばん最初の〝鍵《キー》〟となるのは、

〝空白域〟の確定です。この空白域という言い方は地震学でよく使われている言葉ですが、基本的にある程度の時間、通常の地震活動が起こっていない地域のことです。というのも、しばらく地震が起こっていない地域では、ストレスが溜まっていて、地震が起こる可能性が高い、と考えるのです。

けれども空白域だからといって、どこでもかしこでも地震が起きるわけではありません。木村氏によれば、空白域のなかでも先に述べた「地震の目」ができているところを探し出すことで、より大きな地震を発生させる空白域を絞り込むことができる、と主張しています。

空白域は「第1種空白域」（木村氏は「A型」と呼称）と、「第2種空白域」（同「B型」と呼称）の二つに分類されます。第1種空白域とは、過去に大きな地震のあった地域と地域との間にあって、これまで地震が密集して起こっていないエリアがポッカリとできている（空白の）場所です。

その空白域の周辺では、地震の震源がドーナツ状に現われる「ドーナツ現象」が起きていることがはっきりすることがあります。地図上の震源プロットを見ると、地震が起きているところが〝ドーナツの輪〟のように浮かび上がってきますので、そう呼んでいるのです。周囲には小さな地震が続発しているにもかかわらず、ドーナツの輪のなかだけは、人体にその揺れが感じられないくらい（無感地震も含めて）微小な地震すらも起きないほど、地震が少なくなっているエリアがあります。この状態の空白域を第1種空白域とします。

じつはこの第1種空白域にこそ、大地震の危険が潜んでいる、と木村氏は考えています。大地震の起こる直前近くなってくると、そのエリアはストレスを溜め込むために、かえって日常の地震活動がなくなってきます。その反動として、この第1種空白域の周辺に小さな地震が起こる、状況になってきます。

こういった傾向がさらに強くなっていくと、ドーナツの輪の中で小地震が頻繁に起こるような場所が発生するようになってきます。氏はこれを「地震の目」、あるいは「サイスミック・アイ」と呼んで警戒を強めます。地図を上から見ると、ドーナツの輪の中に〝黒目〟があるような状態にまで達します。この状態を第2種空白域とします。そしていよいよ直前近くなると、このサイスミック・アイはますます発達して移動し始め、その延長線上で〝本震〟が発生するのです。

木村氏は気象庁より発表されている地震活動のデータを用い、手始めに最近M6・5以上の地震が起きていないエリア（第1種空白域）を探すことで、分析に着手します。マグニチュード（地震の規模）の小さい地震から巨大地震まで地震の大きさを絵柄の大きさとして表わし、さらに深さも図形の形を変えて示し、いつからいつまでに起こった地震なのか選択して、地図上にプロットして表現します。

図24は、このような手順を踏んで第1種空白域を経て第2種空白域を確定し、見つけ出した東日本大地震の「地震の目」です。プロットされた絵柄の大きさがマグニチュードを表わして

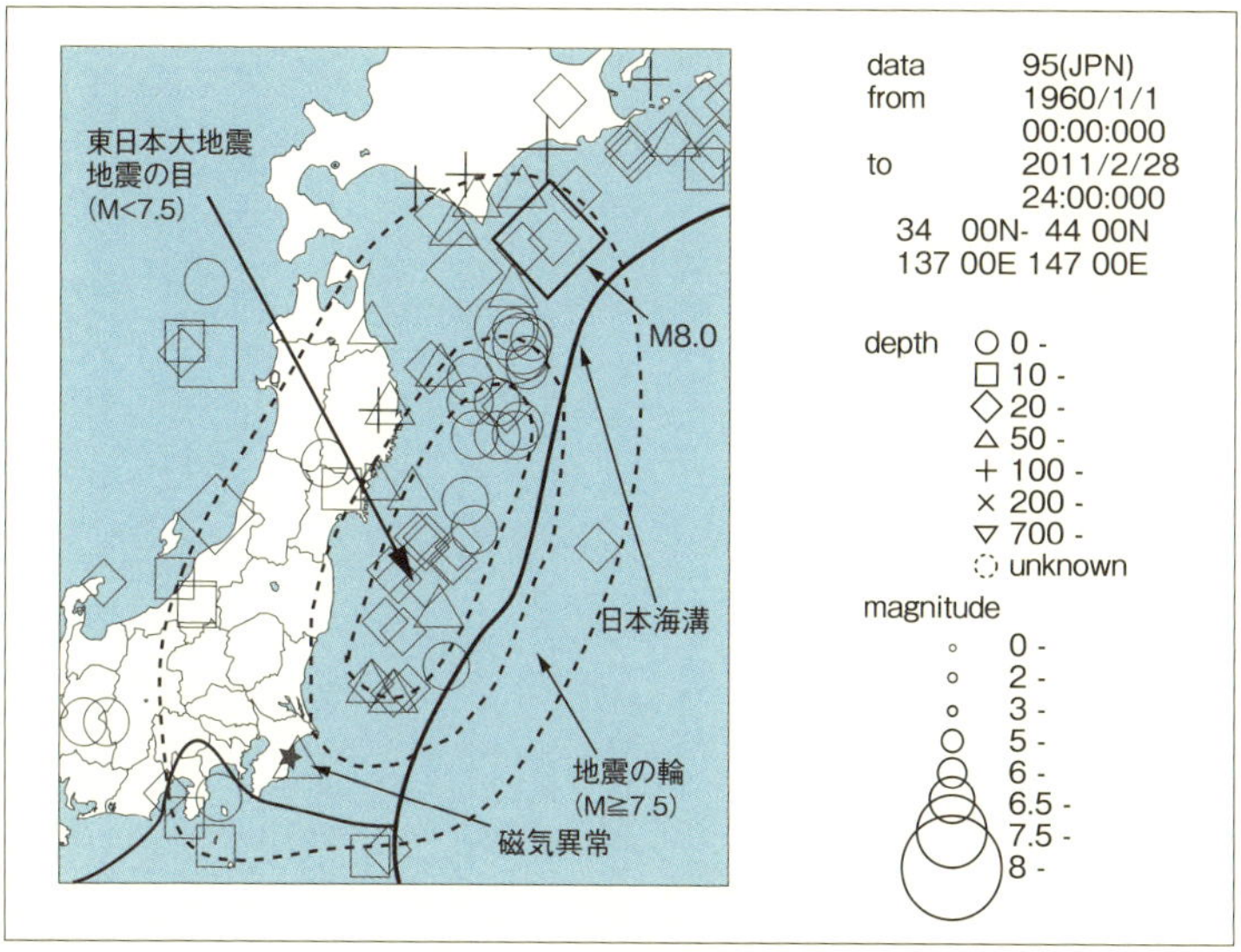

図24●マグニチュード(M)6以上の通常地震活動(震源資料は気象庁による)

おり、円や三角などの記号は地震が起こった深さを示しています。通常の大地震の「第1種空白域」を見つけるには、M6・5以上の地震を使って探し出します。しかし、すでに図22で示したように、図の空白域の広がりからその本震はきわめて大きいことが予想されました。そのため最初からM7・5以上の地震の起きた場所を拾って、震源予想域を絞り込んでいったということです。この図により、「地震の輪」と「地震の目」の領域がはっきりと読み取れます。

図24は、東日本一帯を対象に、東日本大地震前の1960年1月1日~2011年2月28日までに起きた、M6・0以上の通常の地震活動をプロットしたものです。地震の活動域を囲んでみると、M7・5未満の「地震の目」が見えてきます。通常のM

６・５以上の大地震の〝目〟では、Ｍ６・５未満の地震活動が行なわれています。しかし、この〝目〟内ではＭ７クラスの地震活動が行なわれています。

一方、「地震の輪」は、北は北海道の襟裳《えりも》岬から三陸沖を南下して房総半島沖に至り、さらにその南西方面から伊豆大島・三原山に向かって西に延び、駿河湾から本州を貫くフォッサマグナを北上し、新潟県中越地方を通って日本海を北上し、下北半島を突っ切って襟裳岬に戻る巨大な輪となっています。

この「地震の目」の巨大さと目の中の地震の規模の大きなことから、本震は〝スーパー巨大地震〟となることが予想されました。東日本大地震は、この東北太平洋沖の「地震の目」にあたる部分のプレート境界が大きくずれて起こったのです。

このような「地震の目」は、１９９５年の兵庫県南部地震でも発生しており、実際、本震が起こる30年くらい前よりそのような地震発生の傾向が生じていました。同じような現象は、規模は異なりますが、奥尻島を壊滅させた津波を伴った１９９３年の北海道南西沖地震でも、１９９４年の三陸はるか沖地震のときにも見られた、いわば共通した現象です。

3-2

〝これから起こる〟地震を知る「地震の目」理論

空白域の中に浮かび上がる「地震の目」

　東日本大地震の「地震の目」を説明した図24は、時間が経過するにつれて起こった変化を省略してあるので、わかりにくいと思います。そこで、どのようにして「地震の目」を見つけていけばいいのか、以下、通常の〝大地震〟である新潟県中越沖地震について、四つの図を参考に検証しましょう。

　図25は、2007年に起きた新潟県中越沖地震（M6・8）で、本震の〝前兆〟をとらえたときの経過を示してあります。同図の①は、1960年〜2006年の間に起きたM6・5以上の通常の地震活動を、深さ50キロメートル未満に限って示したものです。この図の点線で囲まれた部分が、第1種空白域ができかかっていることを表わしています。さらに、地震の規模がM6・5より少々小さいM6・0以上の通常地震までを含めてみると、図25②のように、地震の空白域を取り囲むように「地震の輪＝サイスミック・リング」が姿を現わしてきます。この地震の輪で囲まれた部分が、第1種空白域にあたります。

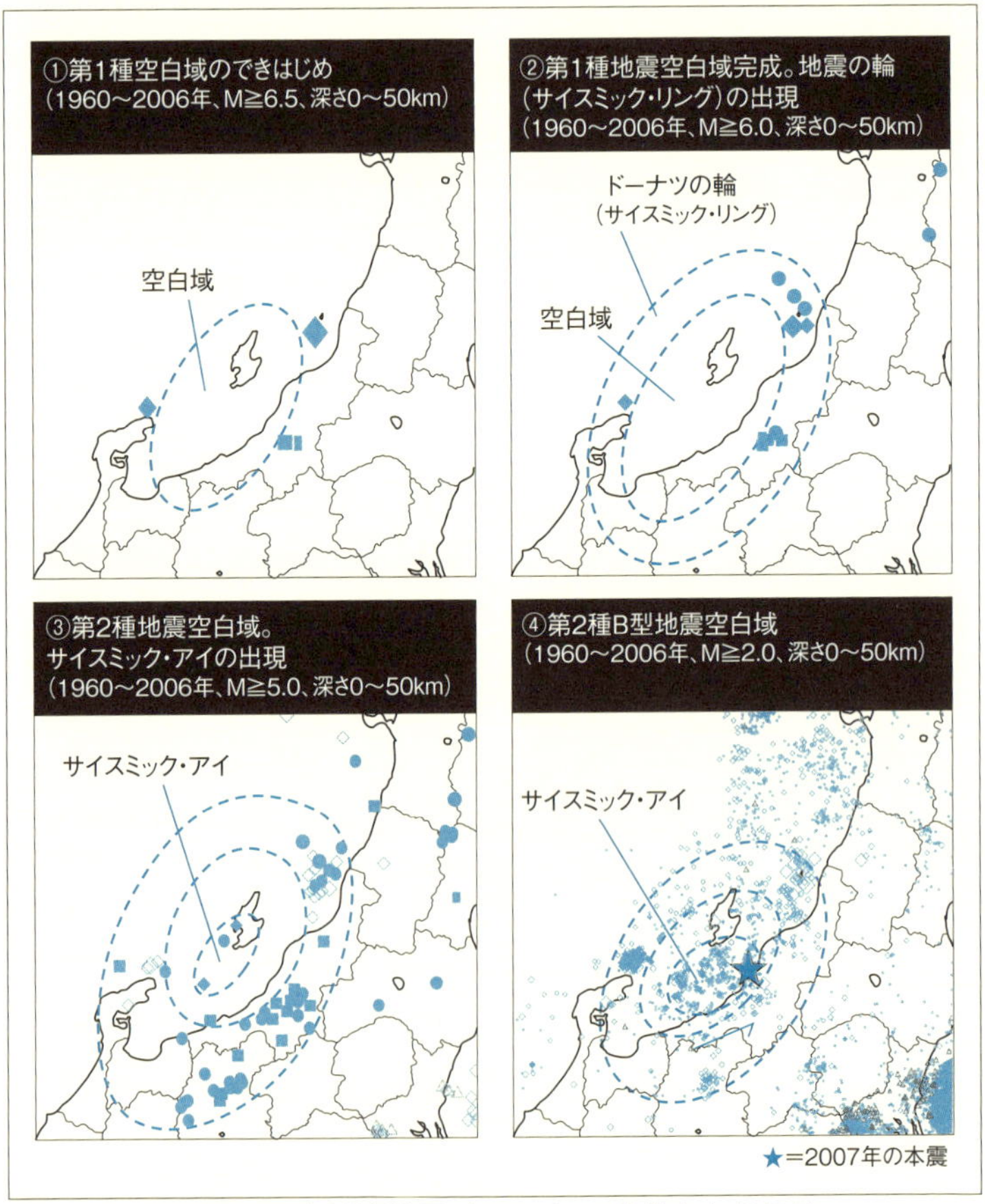

図25●2007年新潟県中越沖地震（M6.8）の前兆をとらえる

さらにもっと小さい地震を含め、絞り込みの範囲をM5・0まで緩めていくと、図25③のようになり、この第1種空白域の中で地震活動が活発になっている「地震の目＝サイスミック・アイ」が浮かび上がってきます。

そして図25③よりもっと小さい地震、M2・0以上の微小地震まで含めてみると、さらに微小地震が引き続いて活発に起きています。しかもじつは本震の起こる寸前まで、「地震の目」の活動域は徐々に移動しており、その方向に向かって延長していった先の星マーク（★）のところで本震が発生しました（図25の④）。その後、さまざまなケースからわかったのは、じつは移動して延長していった部分こそは、本震の直前に「プレスリップ」（先行すべり（66ページ参照））を起こしていたと思われるゾーンでした。

2008年に起こった中国・四川《しせん》大地震でも、本震の発生前に「地震の目」が現われていました。この四川大地震の場合、きわめて奇妙な動きも見られました。普通、本震の断層の破壊域は、ほぼ1日の間に起こった余震域で表わされます。ところがこの地震の場合、本震発生後1ヵ月の間に、余震域は北東へと広がったあと、もと来た道を引き返すように移動し、結局、本震の発生前に現われていた「地震の目」をすっかり覆い尽くしてしまったのです。この間起きた余震活動は、地震によってエネルギーを解消された〝プレスリップ・ゾーン〟を含んでいたことになります。つまり、本震によって第2種空白域のひずみが解消*されただけでなく、前震や余震によって地震の目全体を含む「地震の輪＝サイスミック・リング」までの全域のひず

*__ひずみ（と応力）の解消（解放）__　地震活動に即していえば、その発生はあくまでもプレートの運動による圧迫（応力）である。それにより断層などにストレス（ひずみ）がたまり、ひずみが堪えている限界を超えると、地震が起きることによってそれが解放される。

みが解消されたのです。

そして、このような現象が起きたことは、きわめて重大な意味を持っています。というのは、このような規則性は、来るべき東海地震の予測にも直接かかわってくることなのです。なぜなら、東海地震が予知できる〝唯一の鍵〟とされているのが、本震の前に必ず起こるとされているプレスリップという現象なのですから……。

東海地震では、前兆現象とされるプレスリップが発生し、さらに〝異常な現象〟が進展した場合には「東海地震観測情報」が流され、その後〝異常な現象〟の程度が大きくなり、前兆現象である可能性が高まった場合に「東海地震注意情報」を発表することになっています。さらにその異常が顕著になると、地震防災対策強化地域判定会（判定会）が開かれ、気象庁長官が「もうすぐ東海地震が起きそうだ」と判断した場合、ただちに気象庁長官はその旨を内閣総理大臣に「東海地震予知情報」として報告する手はずになっています。このときほぼ同時に、内閣総理大臣から「警戒宣言」が発表され、本格的な防災体制が敷かれることになっています。

このように最近では、「プレスリップがなければ、地震予知はできない」とさえいわれているほどに、重要な現象とみなされています。

「地震の目」の立ち上がりから30年後に本震発生

図26は、前項で述べた「地震の目」ができてからおよそ30年後に大地震が起きているという

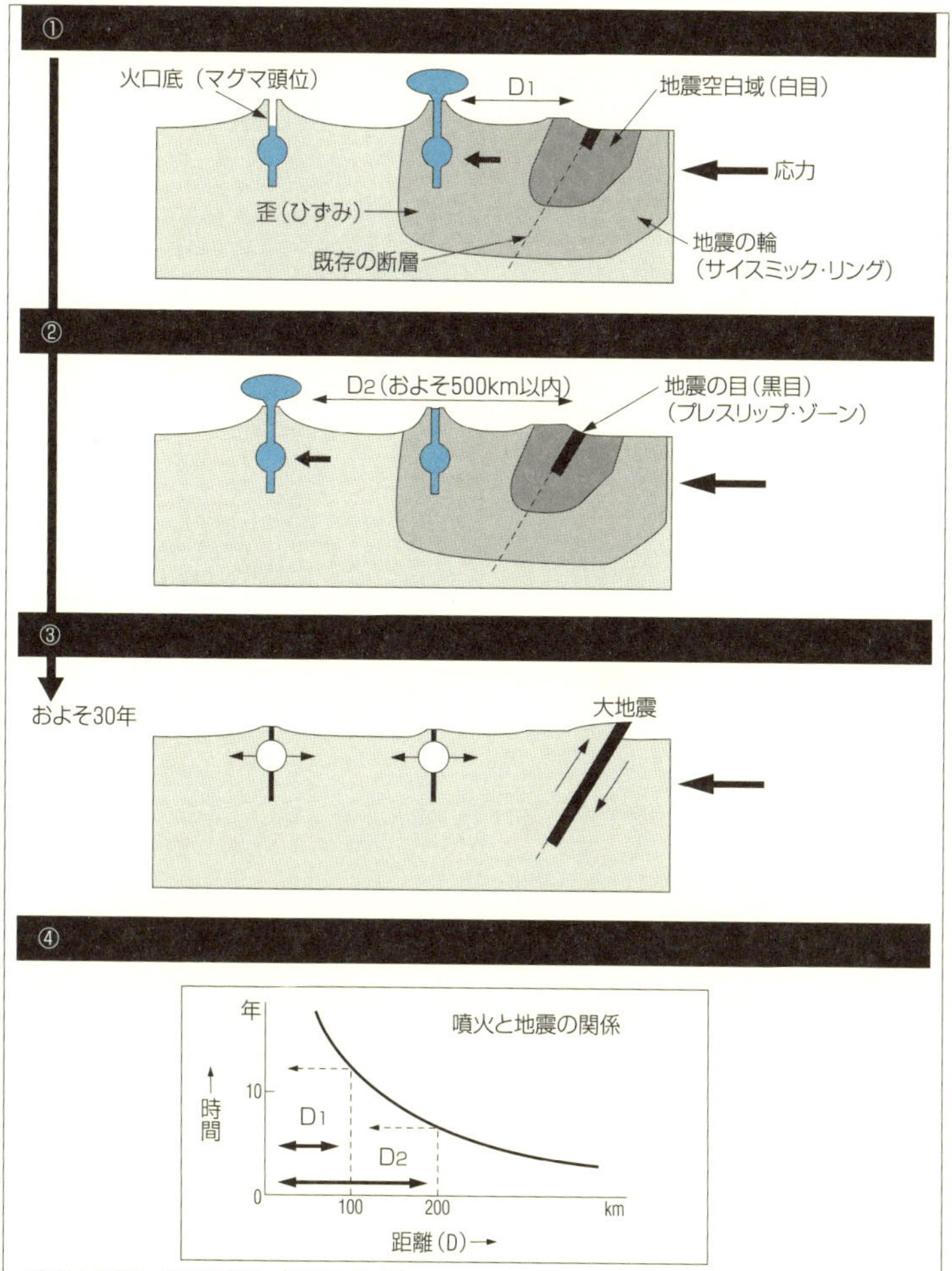

噴火と地震との時空関係：地震の目（サイスミック・アイ）ができて（②）、およそ30年後に大地震が発生する（③）。一方これとは独立に、この間の火山噴火と震央との時空関係により、将来の大地震の発生時間が計算される（④）。

図26● ［地震の輪発生→地震の目形成→プレスリップ→大地震］へと至るプロセス

〝経験則〟が成り立っていることを示した図となっています。この図は、「地震の目」の起きているところを、岩板を割って縦割りにした図、といってもいいでしょう。「地震の輪＝サイスミック・リング」が出現して（図26の①）、その地震の輪に囲まれた空白域の中で、さらに岩板の弱い部分に微小な破壊が起こるとプレスリップが発生し、やがて本震（大地震）の発生に至ります。それゆえ、地震活動の活発なドーナツ状の輪に囲まれた第2種空白域で発生する微小地震を注意深く観察していけば、地震の起こる可能性を、事前に察知することも可能になってきます。経験的には今までに起きた地震の〝経験則＝データ〟から、「地震の目」ができてからおよそ30年後に大地震が発生しています。

今までの大方の地震学者による研究によれば、大地震は第1種空白域の中で突発的に発生すると考えられてきました。ところが実際に起こった地震のデータを解析してみると、その発生過程がきわめて規則的であることが明らかになってきました。

図27は、東日本大地震（Ｍ９・０）の発生前に、地震の累積発生回数から本震の発生時期を知る手法を、図解したものです。つまり、東日本大地震の発生に至るまで、東北・太平洋沖でできた「地震の目」の活動を、時系列で追っていくと、地震活動に規則的なパターンが現われていることがわかったのです。

そのパターンを示したのが、図27です。震央の深さを１００キロメートル未満、Ｍ３・０以上の規模を持つ地震という制限を設けて地震の累積発生回数を、年ごとに調べてみたグラフで

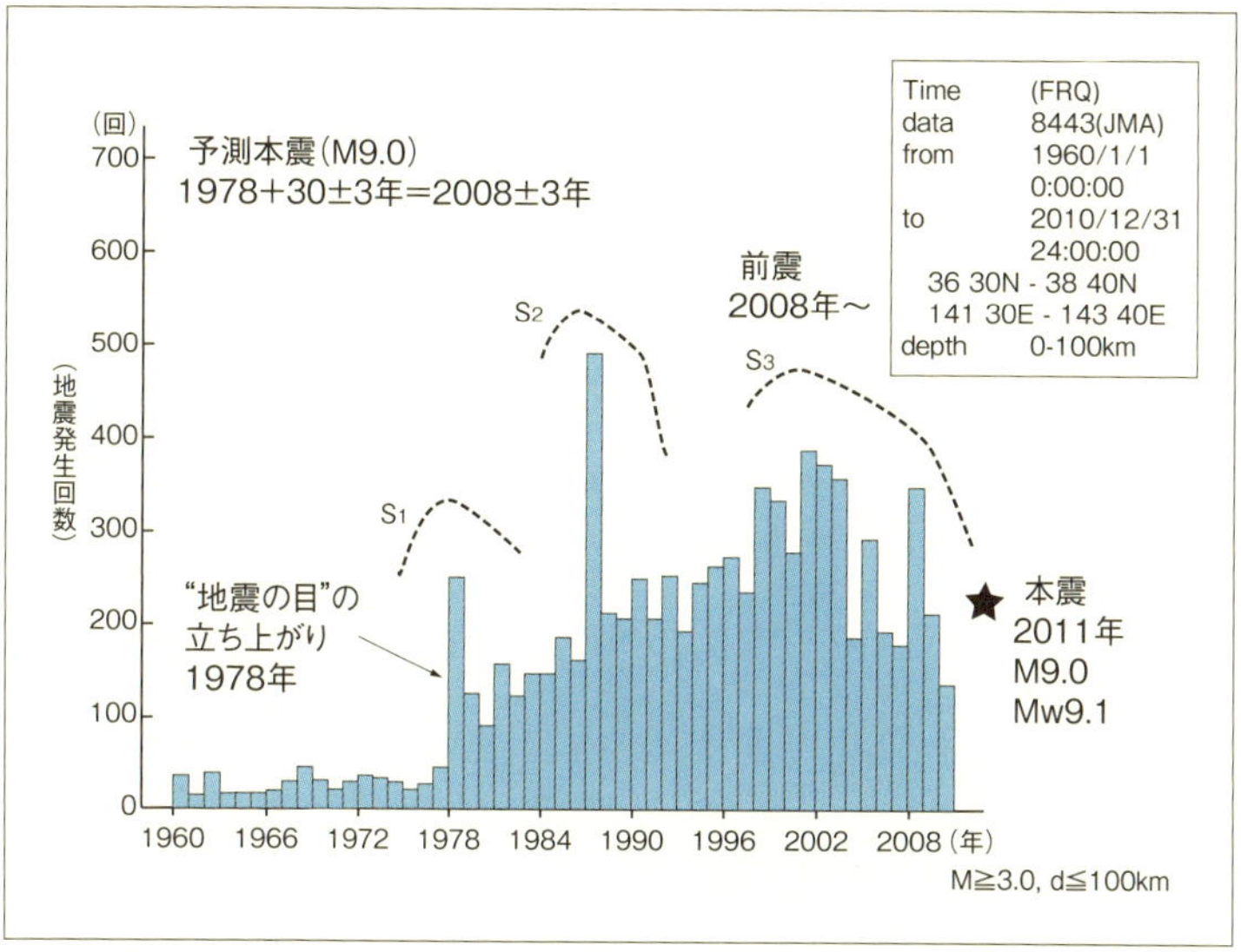

図27●東日本大地震（M9.0）発生前の“地震の目”からの本震予測

す。同図を見ると、地震の発生回数は年を追うごとに段階的に多くなっていますが、よく見るとグラフは三つの大きな山（ピーク）を描いています。

三つのピークは、それぞれが不連続で鋸《のこぎり》状になっているので、便宜的にそれぞれのピークを古い順にS_1、S_2、S_3としました。この〝S〟という記号は、SEIS（サイス＝地震）という文字の頭文字から取って名づけたものです。このようにして、三つのピークが読み取れれば、より正確に地震の発生日時を絞っていくことができます。

この手法でいちばん大事なのは、「地震の目」の立ち上がりの年を示す〝S_1〟の出現時期を正確にとらえることなのです。

東日本大地震の場合、S_1に相当するのは

１９７８年から１９８４年頃までで、図からわかるのは、「地震の目＝サイスミック・アイ」が立ち上がったのは１９７８年だということになります。

　これまではデータ上、地震の目が立ち上がってからおよそ30年後（±３年の誤差を見積もっておく）で本震が発生するケースが多いのです。兵庫県南部地震、新潟県中越地震の場合も、「地震の目」が立ち上がってから同じく30年後に、本震が発生しています。

　兵庫県南部地震の場合、図は省略しましたが、１９６５年に「地震の目」が生じていました。それから30年後の１９９５年に、本震が起きています。新潟県中越地震の場合、１９７６年に「地震の目」が現われ、それから28年のちの２００４年に本震が発生しています。

　東日本大地震の場合には、図27にあるように、１９７８年に「地震の目」が現われていました。それから33年後に、超巨大な本震が発生したのです。ただし、図21では、１９７５年をS_1の出発としたため、予測本震は「２００５±５」となりました。

　今までのケースに共通しているのは、本震が発生しているのは、S_3のピークが訪れ、やがてこのピークが終わろうとしている頃です。東日本大地震の場合、S_3のピークは２００３年にきており、本震はこのあとにやってきたのです。

　このようにして地震の累積発生回数をグラフにして表わしておくと、「地震の目」が出現した時期を明確に把握さえしておけば、本震の発生時期をより正確に予測することができる、ということなのです。

東日本大地震は、１９７８年をS_1、つまり「地震の目」の立ち上がりとすると、ここで〈本震の発生は、30年±３年〉の原則に当てはめるなら、２００８年±３年となります。言い換えれば、２００５年から２０１１年の間に超巨大地震が襲ってくることが予知できることになります。実際には２０１１年に起きたのですから、計算の結果とよく合っています。

そして、立ち上がりから本震までの間にS_1、S_2、S_3と三つのピークが出ます。そのようにして本震までそのピーク間隔の平均は、およそ11年となります。ということは、三つ目のピーク（S_3）が出たら、あと10年前後に本震がくるという予測ができることになりましょう。

ただここで注意を促しておきたいのは、「地震の目」理論はすべての地震に当てはまるわけではありません。木村氏の経験によれば、M６・５以上の地震のうち80％以上のケースで「地震の目」が現われていました。ところが残る２割弱の地震のうち、確実に「地震の目」が生じているとは断言できないケースもありました。２００１年の芸予地震や２００５年の福岡県西方沖地震などが、そういったケースに該当します。言い換えれば、第２種地震空白域ではあったものの、地震発生以前には「地震の目」がはっきりと識別できないため、これでは事前に予知したとは言い難いでしょう。しかし、噴火との関係を示す「時空ダイヤグラム」などの手法を援用するなどして、独立した二つの手法を併用すれば、M６・５以上のほぼすべての地震には、10年前には、具体的に対応できるようになるはずです。

「地震の目」から本震の規模を知る計算式

ここで、「地震の目」を用いて、来るべき本震の地震の規模もざっと推定できるという考え方を紹介しておきます。「地震の目」は通常、楕円状の形をしていますが、この楕円の長径の長さと地震の規模は、ほぼ比例していることがわかってきました。

内陸型地震である兵庫県南部地震の場合、「地震の目」の長径の長さをＬとすると、Ｌは80キロメートルで、この数字を〈断層の長さから地震の規模を求める換算式〉に当てはめてみると、Ｍ＝８・０となりました。過去の内陸地震によるデータから推測して、実際にはこれ以下の大きさであると予想できます。そこで、実際に発生するとされる地震の規模は、経験的に約０・５を引いて、Ｍ７・５程度と見積もります。実際に起きた地震の規模は、兵庫県南部地震の場合、Ｍ７・３でした。

海溝型地震である東日本大地震の場合、「地震の目」は長径にしておよそ４８０キロメートルの長さに及びました。これを断層の長さＬとみなして計算したところ、マグニチュードはなんとＭ９・３となりました。経験的にわかっている０・５という数字を引いてもなお、Ｍ８・８になります。けれどもこの数字は、日本列島周辺では発生したこともない、とてつもなく超巨大な地震を表わす値になります。当時の現状に即して、木村氏は東日本大地震の地震の規模を発表する段階では「Ｍ８±」という表現のなかにとどめておいたのです。木村氏は予想を発表する段階で地震の規模をもっと踏み込んで、計算の結果どおりに示しておくべきだったかもしれないと、あとで述懐しています。ただし、発表した図21（３ページ掲載）では、地震の目の大きさを正しく示してそれを補うつもりだったとのことです。

ここで、１９７５年に松田時彦氏が発表した地震の規模を求める換算式を紹介しておきましょう。前述したように、Ｍは求めるマグニチュード、Ｌは震源となる断層の長さです。

$$M = 1/0.6 \log L + 4.83$$

この換算式は、内陸直下型の地震などに当てはめても、実際の地震の規模とそれほど変わらない〝値〟が出ており、地震の規模を予測する場合にも、「地震の目」理論は、かなり有効ではないかと考えられます。

ス成分を含んでおり、非常に高温で、地表に向けて上昇してくると地表には蒸気や噴煙の形で表面に現われてきます。

けれども長野県松代の松代群発地震の場合、揮発性ガスを多量に含んではいたのですが、確かに低温・低粘性の“水”が上昇・流出しています。そして、それに伴って火山特有のいろいろな現象が生じていることを表わしたかったため、中村氏は“水噴火”と命名したのだということです。

1965年8月に始まった松代群発地震が、地下水の広域的な流出のピークに達したのは、1966年9月上・中旬になってのことでした。9月中旬以降は、ドーム状隆起が沈降に転じたばかりでなく、さらにその外側地域で放射方向に亀裂が伸びていきました。これは、地下水流出が噴火の場合のマグマの流出にあたることを示している、と中村氏は論文で明言しています。

じつは、これと同じ現象が富士山でも起きています。1960年以降に富士山や周辺で起きた地震の震源分布を見ると、富士山の火口を中心として、地下に放射状に亀裂ができていることがわかってきました。

地元を調査した研究者から木村氏への報告によれば、富士山の「噴火の目」付近ではコンパスが狂い、地磁気の異常が認められたということです。これらの事実からわかるのは、富士山のマグマがかなり浅いところまで上昇し、富士山の山体が全体的に持ち上がっているということです。

かつて木村氏が1986年、富士山北側の忍野《おしの》八海《はっかい》を訪れたとき、普段は富士山の伏流水が滾々《こんこん》と湧き出ていて枯れたことのない泉が、そのときは常時より10メートルほど水位が低下していたということです。見たところ、富士山頂から見て北西方向に亀裂が認められ、それらの亀裂から出る湧水が水源のように見えます。それが涸れたような状態になったということは、山体下のマグマが上昇して火道から周辺に放射線状に圧縮応力が働き、地表の亀裂が開いたため、水が地下に吸い取られて生じた現象ではないかと思われた、と木村氏は説明しています。

放射状に亀裂が走っている状態は、富士山周辺の地震活動を表

column 富士山“大噴火”を検証する....❸

❖——富士山ではすでに“水噴火”が始まっている

富士山周辺での諸現象を示した表Bからもわかるように、水に関する異変が多くなってきたのも、なにか特殊な兆候を示しているようにもみえます。

◆表B　1976年以降の富士山周辺での諸現象（監修者作成）

発生年月日	概　要
1976年	富士山で山体崩壊
1983年	三宅島が噴火
1986年	伊豆大島・三原山が噴火
2000年	三宅島が噴火、全島避難
2000～2001年	富士山の山頂直下付近で低周波地震が発生
2003年	富士山の東北東斜面3合目付近で噴気を確認
2006年	河口湖で異常高温、発泡現象、湖面低下を確認
2007年	富士山の南側斜面の富士宮口2合目と新5合目を結ぶ道路で大規模雪崩が発生
2011年3月11日	西湖で波高1メートルに達する津波様の現象を観測
2011年3月15日	静岡県東部地震

これらの異変に関して、木村氏は「富士山に関しては、すでに“水噴火”が始まっているのではないか」という判断を下しているとのことです。この水噴火については、東京大学地震研究所に在籍された故・中村一明氏が「水噴火としてみた松代地震」という論文中で触れられている現象なのです。

噴火とは何かといった場合、普通、伊豆大島・三原山のように、火口底（マグマの噴出口）にマグマが目視できても噴火活動とは言いません。蒸気が噴き出す、噴煙が上がる——といったように、表面に見える現象を噴火活動と呼んでいます。マグマは水分やガ

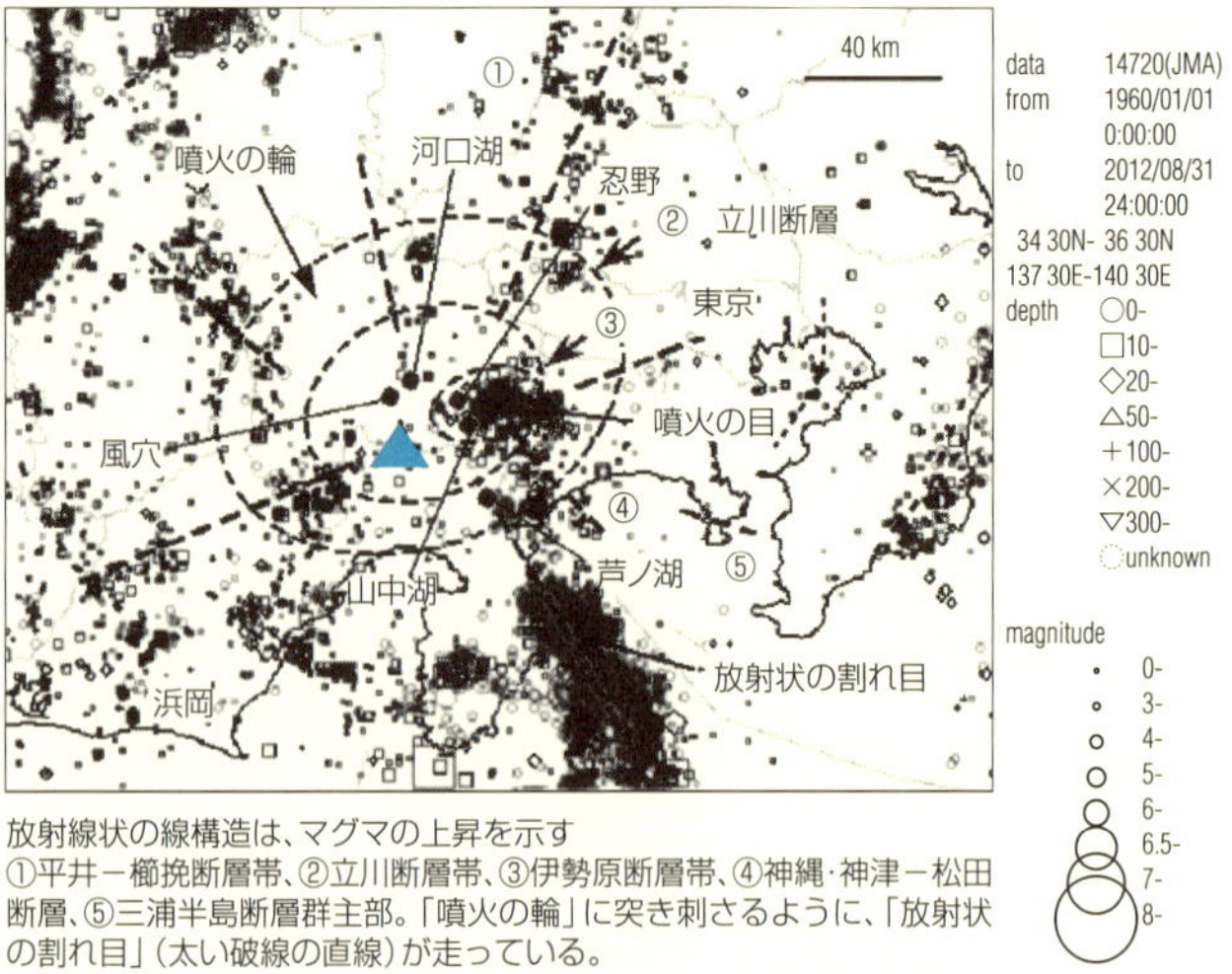

放射線状の線構造は、マグマの上昇を示す
①平井－櫛挽断層帯、②立川断層帯、③伊勢原断層帯、④神縄・神津－松田断層、⑤三浦半島断層群主部。「噴火の輪」に突き刺さるように、「放射状の割れ目」（太い破線の直線）が走っている。

図B ● 富士山（▲）周辺の地震活動（20km以浅）

わした図B（動向は図中の説明参照）を見れば明らかでしょう。「噴火の目」から放射状に伸びている線構造は、明らかにマグマの上昇を表わしていると思われるからです。

東日本大地震のあと、富士山でも、“水噴火”と言っていいような豊富な地下水の流出が、山麓の富士宮市近辺ではよく見られました。

テレビのワイドショーでも繰り返し報道されたことから、ご存じの方も多いでしょう。

さらに、その地下水が湧き上がってきたところの境目には、木村氏が観察したところ、水に触れたコンクリート面が白化していました。これはおそらく、酸性の物質が地下から湧いたためにできたためと考えられました。おそらく流出した地下水は塩化カルシウムや炭酸ガスなどに富み、それでコンクリートの壁面が白化したのではないかと思われる、ということです。

めったに現われない幻の湖・赤池の出現なども、おそらくこの“水噴火”に伴う現象だと思われます。

Verification:Earthquake which occurs directly beneath Tokyo and giant earthquake

第4章

噴火と「地震の目」で読む次の大地震

4-1 火山噴火は巨大地震の〝前触れ〟

火山活動と地震の深い関係を「弾性体モデル」で解明

　噴火と地震の関係については、従来、日本の多くの研究者や政府の公的機関は、大地震のあとの噴火については両者に関係があるケースもあるとしていますが、先だって起きた噴火とその後の大地震は、無関係である、という態度は一貫しているようです。つまり大地震により、ストレスが取れた地域の火山活動が活発化する場合に限って、両者の関係を認めています。けれども大地震の前の火山活動に関しては、その地球物理学的な関係については言及していないように思われます。

　ここで、地殻を単なる〝剛体〟としてみるか、地殻とマントルを併せた〝弾性体〟としてみるのかによって、前者では地震と火山はまったく関係がなく、後者では非常に関係が深い、とする立場に分かれます。そして、木村氏などは後者の意見を採用し、地震の予測に役立てています。

　たとえば、東日本大地震は８６９年に起きた貞観地震の再来ではないかと指摘されていますが、この貞観地震は８６４年に起きた富士山噴火と阿蘇山噴火の5年後に起きており、大正関東地震（関東大震災）の場合は、１９１２年に伊豆大島・三原山が噴火し、その11年後の１９２３年にＭ７・９の関東地震が発生しました（このとき火山から震源まで約80キロメートル）。房総沖地震の場合、１９５０年に伊豆大島・三原山が噴火した3年後の１９５３年、Ｍ７・４の地震となって発生しています（火山から震源まで約２３０キロメートル）。ここから木村氏は、このような噴火と震源の距離、地震が起きるまでの時間との関係から「時空ダイヤグラム」を完成させました。また、90ページの図15を見ればおわかりのように、富士山噴火のＯＮ／ＯＦＦは、相模トラフ型の巨大地震によってはっきりと区切られています。
となればここで、噴火と地震に関係があるのかないのか、はっきりさせておく必要がどうしても生じてくると思います。

　球体である地球を対象にした地球物理学なら、プレート（岩板）からの圧縮応力とひずみの関係は、プレートのみならず地震や火山噴火にも通用する基礎的な考え方、であるはずです。ところが、プレートの押し合いへし合いを解明するはずの「プレート・テクトニクス理論」だけでは、地震の起こるわけはある程度説明できても、火山噴火のメカニズムについては、じつはうまく説明できていません。なぜなら、プレート・テクトニクス理論では、地震を「剛体バネモデル」を用いて説明できても、火山の噴火をもたらす、マグマ溜《だ》まりを変形させるような〝弾性体〟としては扱っていないからです。

もともとプレート・テクトニクス理論は、プレートを剛体として扱った理論で構成されています。つまりプレート・モデルを説明するにあたって、まったく変形しない剛体どうしのぶつかり合いとみなしています。大きさを無視できない物体を力学的に考えるとき、剛体という、どんな力を受けても形や体積を変えないものとして扱っています。そのため、圧力が加わった場合、「剛体バネモデル」を援用して説明しているのです。

海洋プレートに即していうなら、海洋プレートの先端が、周辺の別の海洋プレートや陸側のプレートに衝突して、高密度のプレートが年間数センチの速さで相手のプレートに沈み込むとき、上部にある低密度のプレート（多くの場合、大陸プレート）の先端の一部が引きずられて沈み込みます。けれども引きずり込まれる大陸プレートがある程度沈み込むと、ひずみを減少させる方向で、元の状態に戻ろうとする現象が起きます。この現象が〝剛体バネ〟の性質に似ているため、剛体バネの原理を用いて、これらの現象を説明することができ、このようなモデルを「剛体バネモデル」と呼んでいます。

そこで、図28の①と②を見てください。火山の地下にあるマグマ溜まりがどのような力を受けるかを考えてみましょう。①のプレート・モデルは、プレートは剛体ゆえに変形しないから、火山のマグマ溜まりには変形がないはず――したがって、地震と火山は無関係、となります。

しかし②のように、地殻とマントルを一緒に扱った弾性体モデルとして考えると、弾性体は変形し、マグマ溜まりを押し縮めて圧力を加え、噴火を促進します。したがって②のモデルで

（↘）仮に火山の近くで巨大地震が発生し、地盤の圧力が下がった場合、マグマ中のガス成分の発泡＝噴火につながっていく。ガス成分が急速に抜けると爆発的な噴火（富士山の宝永大噴火）となる。だが富士山は南東からフィリピン海プレートの圧縮応力で押され続け、噴火に至る。

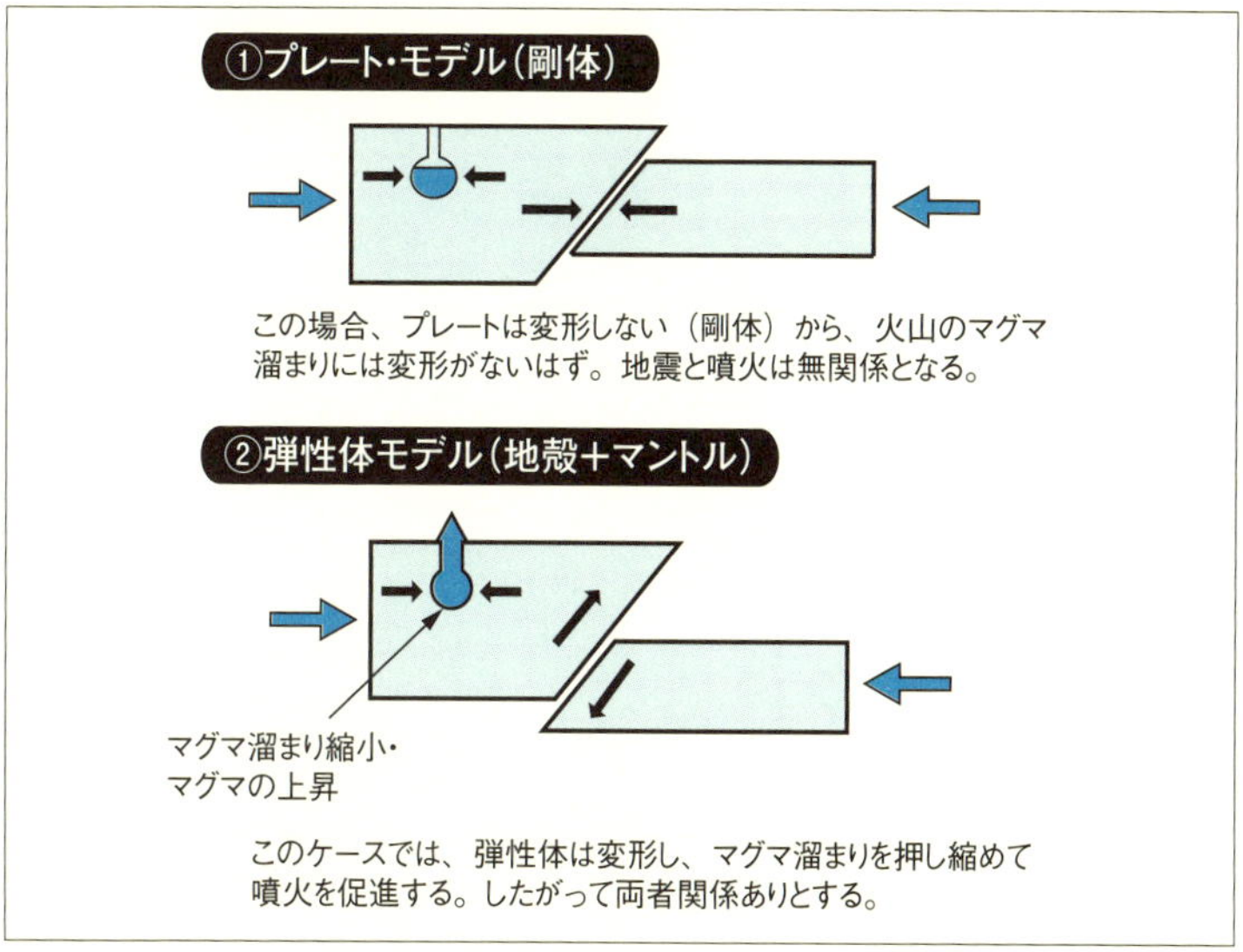

①プレート・モデル（剛体）
この場合、プレートは変形しない（剛体）から、火山のマグマ溜まりには変形がないはず。地震と噴火は無関係となる。
②弾性体モデル（地殻＋マントル）
マグマ溜まり縮小・
マグマの上昇
このケースでは、弾性体は変形し、マグマ溜まりを押し縮めて噴火を促進する。したがって両者関係ありとする。

図28●プレート・モデルと弾性体モデルの違い

は、地震と火山活動は、互いに切り離せない密接な関係があることになります。

プレートの活動が原因の地震のほか、火山活動によって引き起こされる「火山性地震」もあります。日本は地震列島であり、また火山列島でもあるのです。日本のみならず環太平洋沿岸に火山が集中しており、環太平洋火山帯を構成しています。しかもこれは、太平洋プレートの境界とほぼ一致しています。

火山周辺の地下には、マグマの通り道が存在しています。マグマが上昇*してくると周辺の岩盤に圧力が加わり、その力が限界を超えたときに岩盤が割れ、地震が発生します。これは、マントル層から湧き上がってくるマグマや熱によって、地下の水が熱せられて水蒸気となり、岩盤に圧力が加わ

＊**マグマの上昇**　岩石が地下深くで融けて液体となったマグマには大量に二酸化炭素などのガス成分が溶け込んでおり、マグマの塊を押さえつけていた圧力がなんらかの原因で下がったとき、そのガス成分が発泡。一般的にこれによりマグマが地表へと噴き出す（「噴火」）とされる。（↗）

るからです。マグマの移動がすぐさま、噴火につながるわけではありませんが、噴火の可能性が高くなっているといえるでしょう。

図29は、プレートの動きと、それに伴う火山活動との関係を示したものです。火山が噴火に至るプロセスは、二つのレベルに分けて考えることができます。まず最初に、プレートが潜り込んでいくと、火山の直下にある火道が圧縮されます。火道というのは、マグマ溜まりからマグマやガスが噴火口に達するまでの通り道のことをいいます。

圧縮されると、マグマ溜まりにマグマが満ちて、周辺の地殻を圧縮し、微小地震を発生させます。地震活動がある地点に集中して起こる「地震の目」のような現象を、この場合、火山が噴火する直前の「噴火の目」ととらえていきます。そのうち、マグマ溜まりに満ちたマグマが地表に達し、噴火となると考えられています。このようにして、「噴火の目」があれば、マグマが溜まっている証拠と考えていいでしょう。

地震学者で、カリフォルニア工科大学名誉教授の金森博雄氏らのグループは、火山噴火と地震の関係を示す物理モデルを示しています。木村氏もプレート・テクトニクス理論によって、火山噴火のメカニズムや地震との関連性も解明できると考えています。

ユーラシアプレートなどの大陸プレート内にある火山の火口直下には、蓄積されたマグマ溜まりがあります。海洋プレートが大陸プレートの下に沈み込むことで圧力が加わり、大陸プレートにひずみが生じると、その力は地下のマグマ溜まりを圧迫し、マグマ溜まりのマグマは

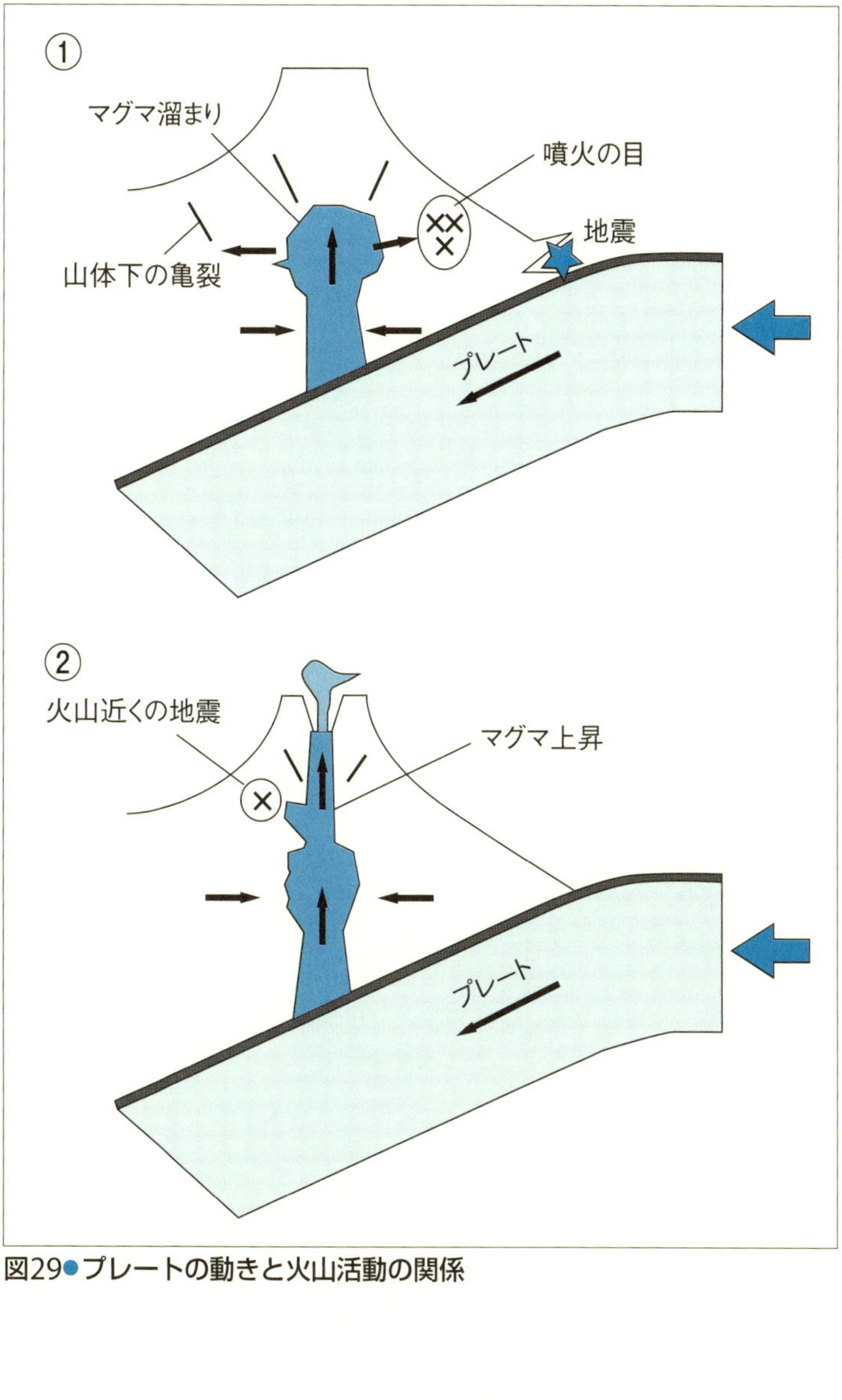

図29●プレートの動きと火山活動の関係

上昇して噴き出す、という噴火の仕組みが予想できます。

ただ、プレート間の押し合いへし合いする圧力によって火山活動が活発化しても、プレート境界型の地震が発生すると、マグマ溜まりを押し出そうとする圧力が解放されるため、このときいったん、火山活動も鎮静化に向かいます。おそらくこの関係は、海洋プレート側にある火山についても同じだろうと思われます。

巨大地震の〝前触れ〟としての火山噴火に注目する

前項でも紹介したように、「地殻＋マントル」という〝弾性体〟を考えれば、火山の直下にあるマグマ溜まりにプレートから押される力（圧縮応力）が加わってマグマが上昇し、噴火に至る……という〝道筋〟がスッキリ見えてきます。

このように考えていくと、火山の噴火も地震と同じく、プレートからのストレスによって起こるものと考えられます。火口の地下深くできたマグマ溜まりがプレートに押され、マグマやガス、水蒸気が上昇して噴出する。このように考えれば、火山の噴火と大地震が連鎖して起こることもうなずけると思います。

過去に起こった噴火と地震の相関関係から、木村氏は大胆に「噴火と地震モデル」を以下、わかりやすく示しています。ここでのポイントは、火山噴火がどのレベルに達しているかを判断することにより、巨大地震を予測できるのではないか、ということです。

まず、実際に起こった噴火活動をよく見ていくと、噴火活動にはP_1、P_2、P_3という三つの段階が読み取れます。ここで「P」と記したものは、火山活動がどういった状態にあるかという〝相〟を意味するPhaseと、火山性地震の発生回数の頂点《ピーク》(Peak)を意味する二つの単語に共通するものとして用いられています。

図30は、P_1、P_2、P_3の各段階を火山の活動推移と比較して、それぞれの段階での特徴的な現象を表わしてあります。

【P_1:群発地震発生期】

地震の根元的な原因である〝プレートの移動〟により、日本列島にはストレスがかかり続け、火山周辺にひずみを生じていきます。プレートが押してきて圧縮応力がかかってくると、このひずみが原因で火山帯周辺にひび割れができ、群発地震が発生し始めます。これをP_1(ピーク1)とします(以下同)。このとき、マグマの最上部分は上昇し始め、しばしば小噴火を伴います。

【P_1とP_2の間:中規模地震の発生期】

プレートは常に押し続けて力をかけて圧迫してくるので、ひずみによるストレスがさらに大きくなり、中破壊(中規模地震)が起きて、ひずみは一時的には解消されます。そのため群発地震もなくなり、マグマの上昇もいったん止まります。

①P_1 段階

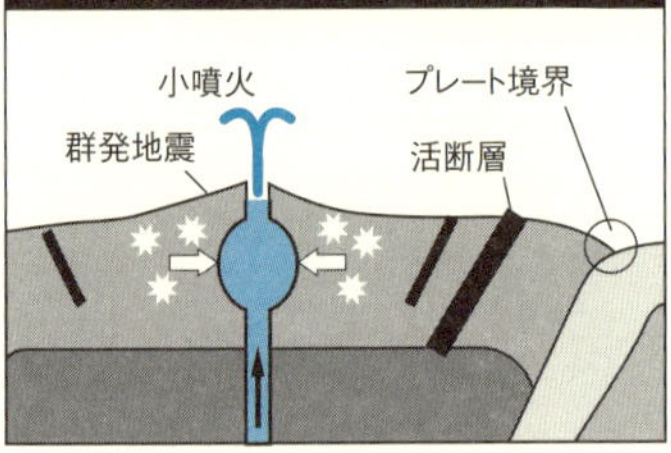

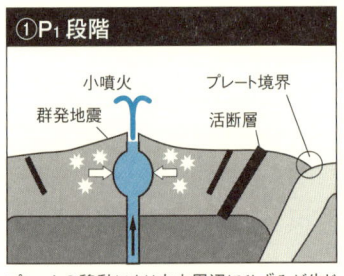

プレートの移動により火山周辺にひずみが生じる。このひずみで火山周辺のプレートでひび割れが起こり、群発地震が発生する。マグマは上昇し、しばしば小噴火を伴う。

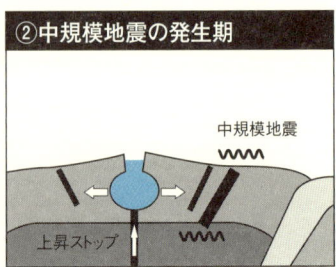

②中規模地震の発生期

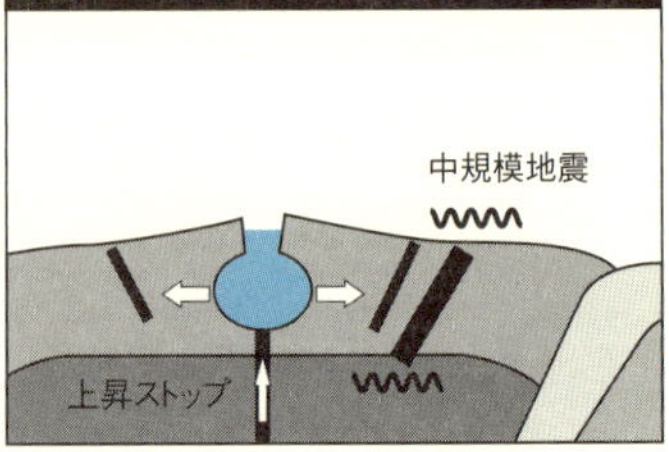

圧力がさらにかかると火山周辺のひずみが増し、地域内の小断層がずれて中規模地震が発生する。地震の発生によりストレスが一時的に解消されるので、群発地震とマグマの上昇は止まる。

③P_2 段階

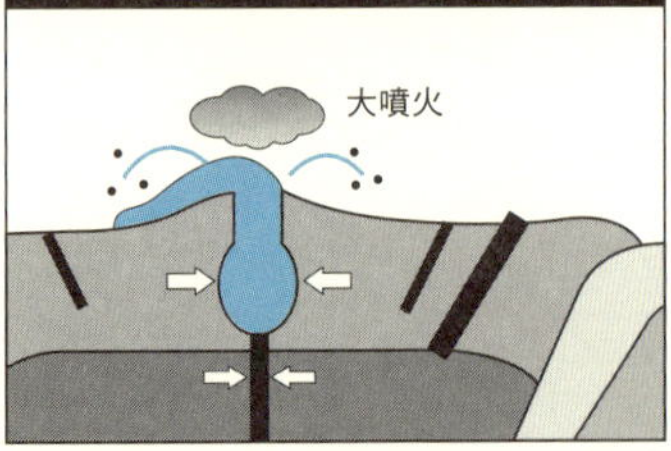

再びプレート圧によるストレスがたまり、群発地震が発生。やがてマグマが火口からあふれ出すなどの大噴火となる。

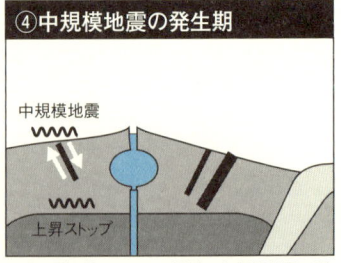

④中規模地震の発生期

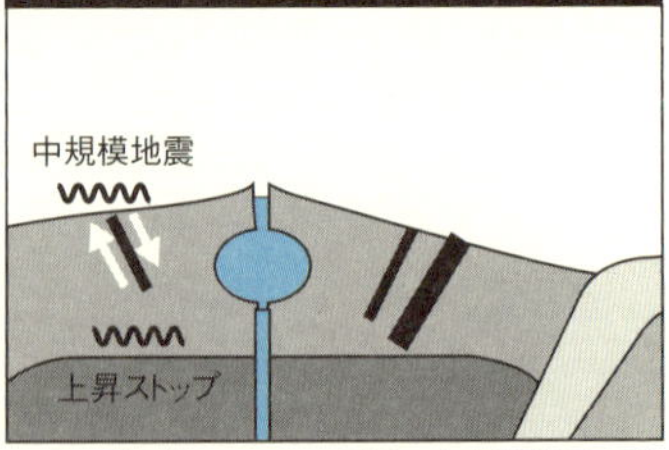

圧力は引き続きかかり、付近で中規模地震が発生して一時的にストレスが解消される。噴火と地震活動は一時期止まる。

⑤P_3 段階

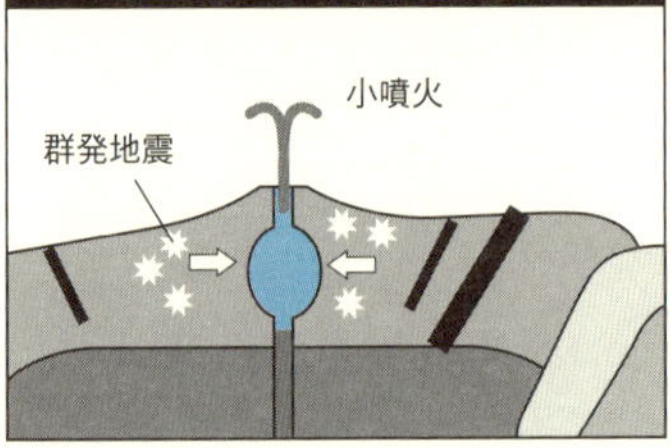

まだ圧力がかかり続けるため、再び火山周辺に群発地震が発生。火山活動は③で大噴火を起こしているので、やや規模の小さな噴火が起こる。

⑥大地震の発生期

さらに圧力がかかると、大断層やプレートが動いて大地震が発生する。これによりストレスが解消。火山も地震もしばらくは休止期に入る。

図30●巨大地震の発生と密接に関係する、火山の活動推移段階

〔P_2：大噴火の発生期〕

さらにプレートが押し続けてくるので、圧縮応力によるストレスが溜まり、そのうちまた群発地震が発生し始め、やがて火口からマグマが溢れ出し、大噴火となります。

〔P_2とP_3の間：中規模地震の発生期〕

やがてそのうち、付近で中規模地震が発生してストレスが解消されたため、噴火・地震活動が一時期、止まります。

〔P_3：小規模噴火の発生時期〕

プレートにさらに押され続けると、周辺の地殻にまた微妙な割れ目が生じ、群発地震が発生してP_3に入ります。このときは噴火活動を伴いやすいのですが、一度噴火を起こしているため、P_2よりは穏やかな噴火になる傾向がみられます。

〔大地震の発生期〕

さらにプレートが押してくると、付近の大きな断層やプレートが動いて巨大地震が発生します。それでほとんどのひずみを解放し、ストレスが解消され、そのあとこの火山は、比較的長い休止期に入ります。

１９１２年に起こった大島・三原山の大噴火は、11年後の１９２３年に起こった大正関東地震の予兆ともいえるものでしたし、１９５０年に大島・三原山が噴火したときにはその３年後、１９５３年に房総沖地震が起きています。１９９５年に起きた兵庫県南部地震（Ｍ７・３）は、

１９９１年に起きた雲仙・普賢岳噴火が警告を発していました。噴火してから4年後、普賢岳から４９０キロメートル離れた阪神で、大地震が起きています。この地震も、震央から遠いほど、噴火が起きてから地震が発生するまでの時間は短い……という原則に沿った現象でしょう。

同じく、似たようなケースは続いて起きています。２００４年の新潟県・中越沖地震（Ｍ６・８）は、噴火した時期と震央までの距離から、新潟・焼山、草津白根山、浅間山の三つの火山活動と連動している可能性が高いと思われます。

そして噴火のあと、いつ頃どこで地震が起きるのかというデータを丹念に調べていった結果、〝時空ダイヤグラム〟（128ページ参照）が生まれたのです。

この項できわめて重大なことは、火山噴火がP_2レベルに達した火山が〝要注意〟――ということです。

4-2

東海地震の〈シナリオ〉検討

西日本の3連動型地震がすぐにも起こる可能性は低い

２０１１年5月9日、菅直人首相（当時）は中部電力に対して静岡県・浜岡原発の原子炉を2年間停止するよう要請し、現在も停止したままです。この根拠となったのは、２００８年1月1日を算定基準とし「今後30年以内にM8程度の東海地震が発生する確率は87パーセント」という試算を公表した、地震調査研究推進本部の見解です。ところがこの予測は、《第2章》冒頭などでも紹介した〈確率論的地震動予測〉によるもので、最も危険だと評価されている東海・東南海・南海という三つの地域の〈シナリオ地震〉に基づいた見解でした。しかもその基礎に、物事が起こる確からしさを表わす数学上の指標である〝確率〟を用いた試算でした。

政府の地震予知連や地震調査会などでは、東海地震の予知を最優先の課題として考えています。その理由の一つに、67ページで紹介したように、トラフ（南海トラフと駿河トラフ）や活断層の調査が進み、観測網も整備されているので、東海地震の前兆現象とされる「プレスリップ」もとらえやすいため、最も予知できる可能性が高いと考えられてきたからです。

さらに最近でも、東日本大地震によりプレートが大きく動いたため、東海地震の震央が押され、すぐにも東海地震が起きるかのような言い方をする研究者もいます。

歴史的には有史以来、東日本の巨大地震と東海・東南海地震が連動したようにみえたケースは何度も起きています。今回の東日本大震災と同じくらいの津波被害を出した８６９年の貞観地震も、その18年後の８８７年に起きた、南海トラフ沿いを震源とする仁和地震へと連動しています。

東海地震を予測する際、常に考えておくべきことは、駿河トラフから連続する南海トラフ全体の状況です。フィリピン海プレートが北上する力が集中し、この一帯では１００〜１５０年の間隔でＭ８クラスの巨大地震が発生しています。この地震は、東海・東南海・南海地震の連動型で、Ｍ８・０〜８・５の巨大地震だろうと推定されています。

そういった過去の例もあるため、いわゆる〝３連動型地震〟が直近に迫っているかのような報道も相次いでおり、日本列島の太平洋岸を襲う大津波などによる〝被害想定の見直し〟も公表され、恐怖に拍車がかかった状態になっています。東日本大地震が多くの断層を次々破壊したように、東海地震が起きることで東南海・南海地震までが連動するかのような懸念が、日本全体をも動かしているようにみえます。

では実際に、３連動タイプの地震が差し迫っているのでしょうか？

図31は、東海地震と、東南海・南海地震の連動したいわゆる「３連動型巨大地震」と、それ

らの各地震域に対応する「地震の部屋」を示してあります。

東海地震が懸念されてきたのは、東海沖に「地震の部屋」（地震の起こりやすいブロックのこと）があるからだとされてきました。１００～２００年おきに巨大地震を起こしてきた駿河トラフ～南海トラフには、和歌山・四国沖（図のX）と三重・愛知沖（図のY）、そして駿河湾沖（つまり東海沖の図のZ）と、都合三つの地震の部屋があります。

このうち、三重・愛知沖は１９４４年、和歌山・四国沖はその2年後の１９４６年にほぼ連続して割れ、東南海地震、南海地震という巨大地震を引き起こしました。そして割れ残ったのは、東海沖にある「地震の部屋」だけとなりました。そのため東海地震については、他の地域の地震と比べて格段に綿密な観測態勢が敷かれ、国が地震の予知が可能だとしているのも、この地域のみです。

前回起きた東海地震は、１８５４年の安政東海地震までさかのぼることになります。そのため、この駿河トラフではそれまで蓄積された地殻のひずみが解消されることなく、すでに限界に達しているのではないのか、つまり現在に至るまで１５０年分のエネルギーが蓄積され、それゆえ東海地震は「いつ起きてもおかしくない」のだと言われ続けてきました。

図31からもわかるように、東海・東南海・南海地震は、ほとんどが連動して起きています。二つの地震が連動するときもあれば、三つの地震が短時間のうちに続けて発生するときもあります。

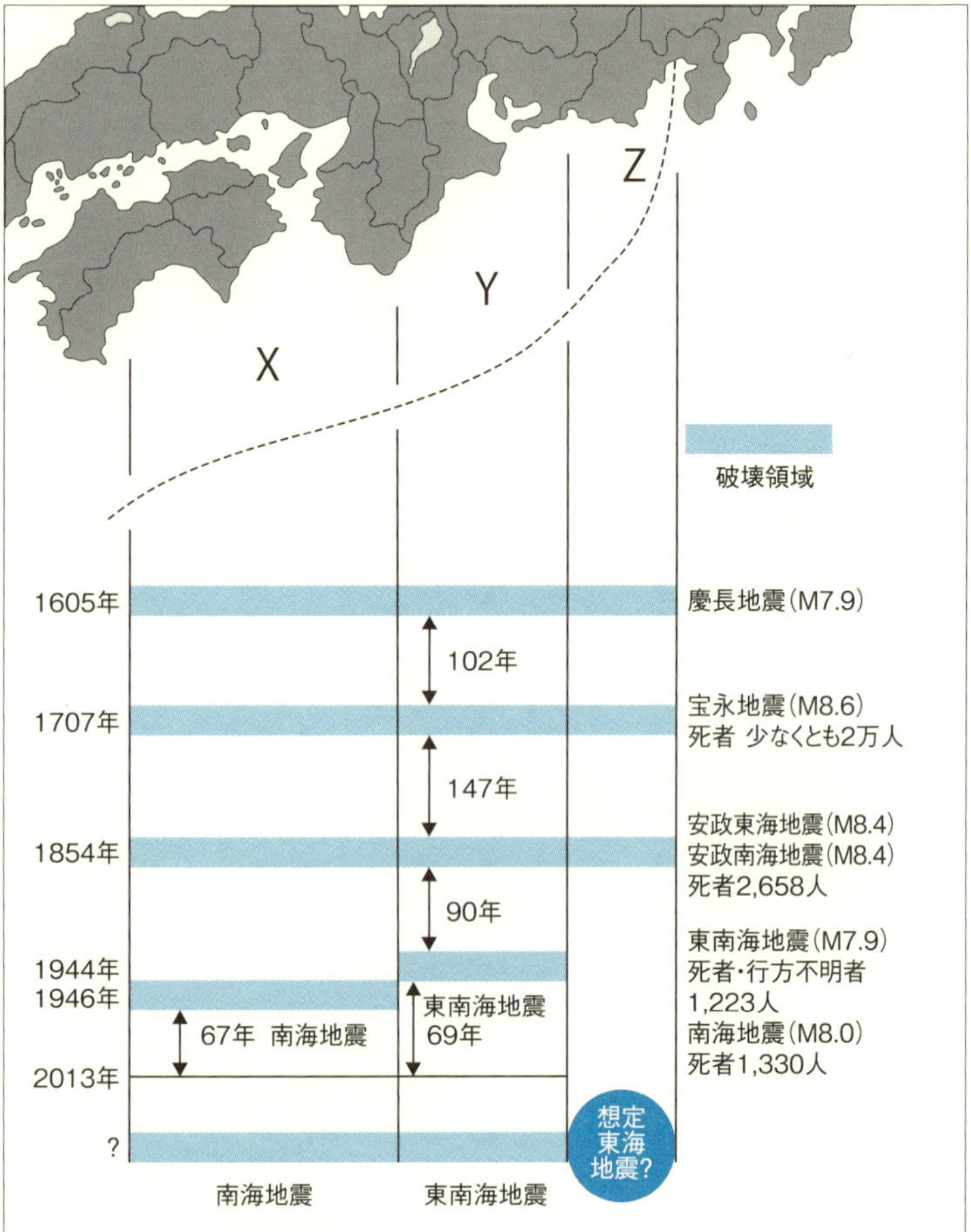

●東南海・南海地震とは?

- 歴史的に100〜150年間隔で繰り返し発生
- 次は21世紀前半にも発生か?
- 東海から九州にかけて広範囲に地震の揺れや津波による甚大な被害

図31●プレート境界付近の大地震の規則性

(出典:防災システム研究所。一部加筆)

安政東海地震と安政南海地震の場合はともにＭ８・４と同じ規模の巨大地震ですが、両者の発生した時間差はわずか32時間でした。東海・東南海・南海地震は、二つか三つが連動して起きやすい地震であり、今、東海地震が起きれば、東南海・南海でも地震が起きる可能性は高いといわれています。

しかし木村氏によれば、東南海地震を起こす三重・愛知沖には現在のところ、巨大なストレスは溜まっていないし、南海地震を起こす四国・和歌山沖にも、巨大なストレスは溜まっていないとみています。

そのため木村氏は、すでにこの地域のストレスは抜けている、と判断しています。実際に、空白域が形成されていないからです。今回の東日本大地震の影響で、すぐに東海・東南海の連動型地震発生する確率はかなり低いし、東海沖に「地震の目」はできていないからです。これらの諸要素を検討して、木村氏は「向こう30年以内に巨大地震の連動が起こるとは思えない」とまで言い切っています。

しかも２００９年8月11日に起きた駿河湾地震（Ｍ６・５）は、木村氏の指摘をますます強く裏づけるものでした。

図32は近年、東海地方周辺で発生した大地震と、空白域を示したものです。第2次世界大戦下に起きた昭和東南海地震（１９４４年、Ｍ７・９）と昭和南海地震（１９４６年、Ｍ８・０）の震源域が描いてあります。昭和東南海地震は情報統制下で起きた地震であり、震源域は

紀伊半島沖でした。静岡・愛知・三重などで併せて死・不明者１２２３名、住家全壊１万７５９９棟でしたが、ただ『理科年表』（２０１２年版）には、「遠く長野県諏訪盆地での住家全壊12などを含む」と記載されています。

今まで被害の広がる範囲から本震の規模が判断されてきたのですが、この東南海地震の震源域を改めて気象庁のデータで決定すると図32のようになり、地震の規模もＭ８・０より大きかったという可能性が出てきました。仮に規模がＭ７・９より大きかったとすると、長野県諏訪盆地にまで及んだ被害の説明がつきます。

しかもこの地震の震源域の東端は、図では点線で示してある「東海地震空白域」（中央防災会議専門委員会による、２００１年に予想された範囲）にも大きく食い込んでいます。

また、この周辺のストレスが抜けたかどうかを判断する場合、図32からもう一つ、読み取れる動きがありました。１９４０年代半ば、南海トラフ沿いで二つの巨大地震が連動して発生したとき、図にある若狭－伊勢湾構造線上でも地震が続いて起きていました。１９４５年には三河地震（Ｍ６・８）、１９４８年には福井地震（Ｍ７・１）が起きています。この二つの地震の震源の間では、１８９１年、岐阜県西部を震源として、日本の内陸直下型地震としては最大規模の濃尾地震（Ｍ８・０）が起きています。このときは、仙台以南の全国で地震が感じられ、７２７３名もの死者を出しています。若狭－伊勢湾構造線上で、この濃尾地震とほぼ一直線に並んだ１９４０年代の大地震によって、東海沖のストレスは、抜けてしまっている可能性もあ

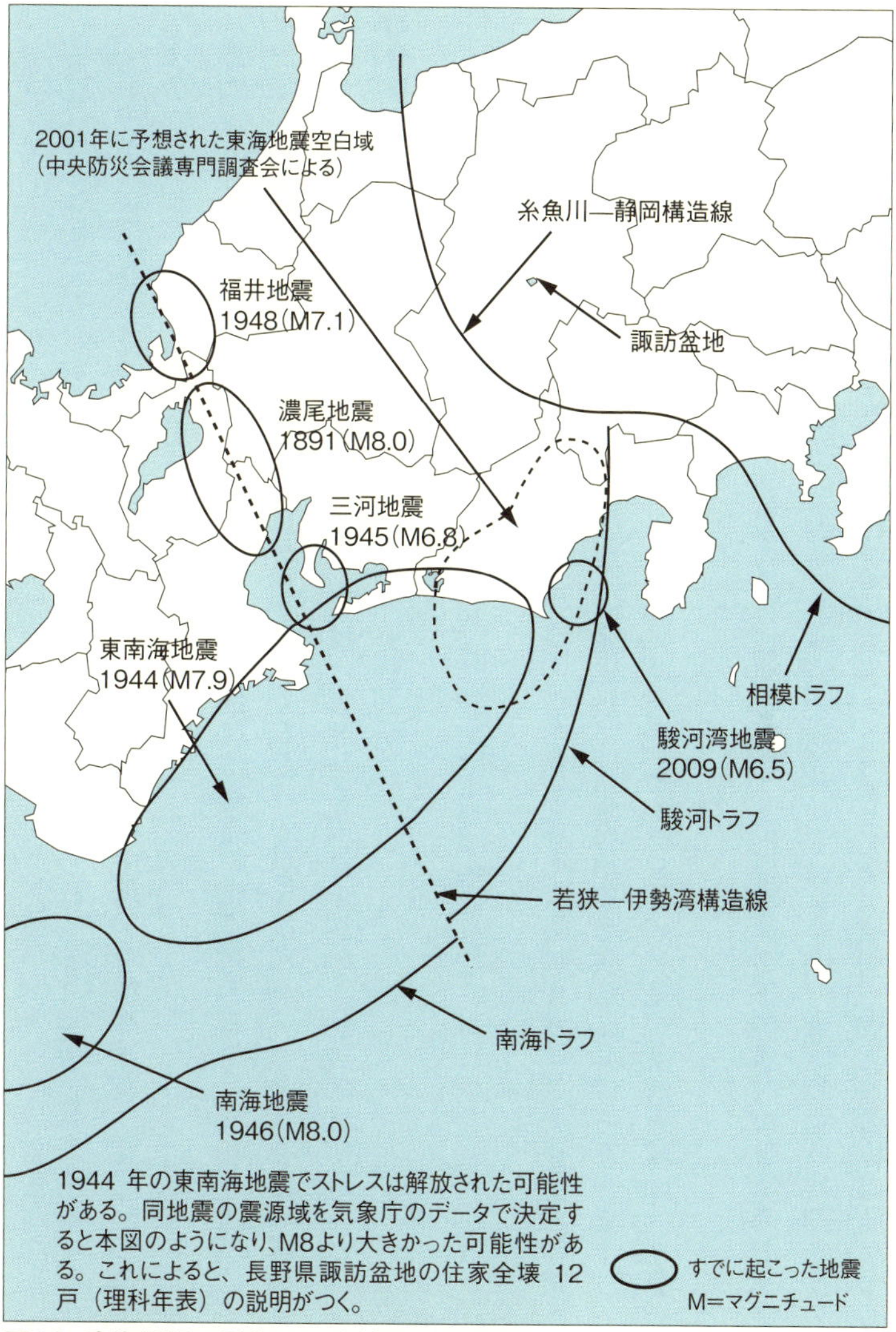

2001年に予想された東海地震空白域
（中央防災会議専門調査会による）
糸魚川—静岡構造線
福井地震
1948（M7.1）
諏訪盆地
濃尾地震
1891（M8.0）
三河地震
1945（M6.8）
東南海地震
1944（M7.9）
相模トラフ
駿河湾地震
2009（M6.5）
駿河トラフ
若狭—伊勢湾構造線
南海トラフ
南海地震
1946（M8.0）
1944 年の東南海地震でストレスは解放された可能性がある。同地震の震源域を気象庁のデータで決定すると本図のようになり、M8より大きかった可能性がある。これによると、長野県諏訪盆地の住家全壊 12 戸（理科年表）の説明がつく。
すでに起こった地震
M=マグニチュード

図32●東海周辺で発生した大地震と空白域

ります。

結局、「いつきてもおかしくない」地震はいつまでたってもこず、「起こるとは思わなかった」地震が、兵庫県（兵庫県南部地震）や新潟県（新潟県中越、中越沖地震）で起きてしまったのです。

とはいえ長期的に見れば、Ｍ８クラスの東海地震は間違いなく起きるでしょう。問題は、それが数年後に起きるのか、それとも１００年以上もたって起きるのか、つまりその時期がいつなのか、ということになります。次の項では、まさしく東海地震の予想震源域で起きた、２００９年の駿河湾地震を詳しく検証しておきましょう。

駿河湾地震で東海地震のストレスは完全に抜けた？

図33は、２００１年に設定された東海地震の予想域を示したものです。この予想震源域の周辺や伊豆諸島、紀伊半島などで最近40年に発生した中規模地震を表２に挙げておきます。

表のように起きた通常地震を地図の上にプロットしていくと、一見、東海地域は「地震空白域」となっているように見えます。

そういった状況下で、２００９年８月11日、まさしく東海地震の予想域内の駿河湾で地震が発生しました（本書では「駿河湾地震」と呼んで紹介しています）。震源の深さは23キロメートル。このとき初めて東海地震観測情報が出されたのですが、結局、東海地震には結びつかな

図33●東海地震の予想域（気象庁「東海地震とは」から転載）

いと判定されました。東海地震の予想震源域内で起きたことでもあり、多くの地震学者たちは「東海巨大地震の前触れ」といった見解を採っていたことがわかりましたが、その実、いつ起こるかまでは示されていませんでした。

２０１０年になって、今度は静岡県島田市の温泉で、源泉の水位が急激に低下するという現象が報告されました。地下水位の大きな変動は地殻の動きと連動するとみられ、地震の前兆と考えている人も多いのです。このような経過をたどると「いつ東海地震が起きてもおかしくない」と思えてきます。では次に、この「地震空白域」を詳しく見ていきましょう。

この駿河湾地震は、東海地震の予想域されていた震源域そのもので起こったのですが、地震の大きさ（規模）は予知されていたほど巨大なものではありませんでした。

◆表２　2001年設定の東海地震予想領域に重なる（？）駿河湾に起きた地震

1965年	静岡地震（M6.1）
1972年	八丈島東方沖地震（M7.2）
1974年	伊豆半島沖地震（M6.9）
1978年	伊豆大島近海地震（M7.0）
1993年	東海道はるか沖地震（M6.9）
2000年	新島・神津島・三宅島近海群発地震（最大規模はM6.5）
2004年	紀伊半島南東沖地震（最大規模はM7.4）
2006年	伊豆半島東方沖地震（M5.8）
2009年	駿河湾地震（M6.5）――初めて「東海地震観測情報」が出される
〃12月	伊豆半島東方沖で中規模地震が繰り返し発生

図34は、気象庁のデータを元に、1960年～2009年の2月までに発生したM6・5以上の通常地震の位置（震源の地表の位置にあたる「震央」）から割り出した「地震の目」を、木村氏が簡略化して示したものです。

前述したとおり、木村氏はM6・5以上の地震が、深さ100キロメートル未満の浅い場所で、30年以上発生していない場所を「第1種地震空白域」としています。太い点線で囲まれたドーナツ状の〝東海エリア〟は、過去50年間に大地震の起きていない第1種地震空白域と判断でき、それはまた地震予知連絡会などの想定する東海地震予想域と重なっています。

さらに135ページ以下で述べたように、この空白域により規模の小さい、中小規模の地震（M5・0）の震央まで絞り込んで書き加えていくと、「地震の目」ができているかどうかがわかります。さらにもっと小さい微小地震（M2・0以上）までも加えると、周辺より小さな地震が密集して活発に起こり始めるところが「地震の目」です。白目

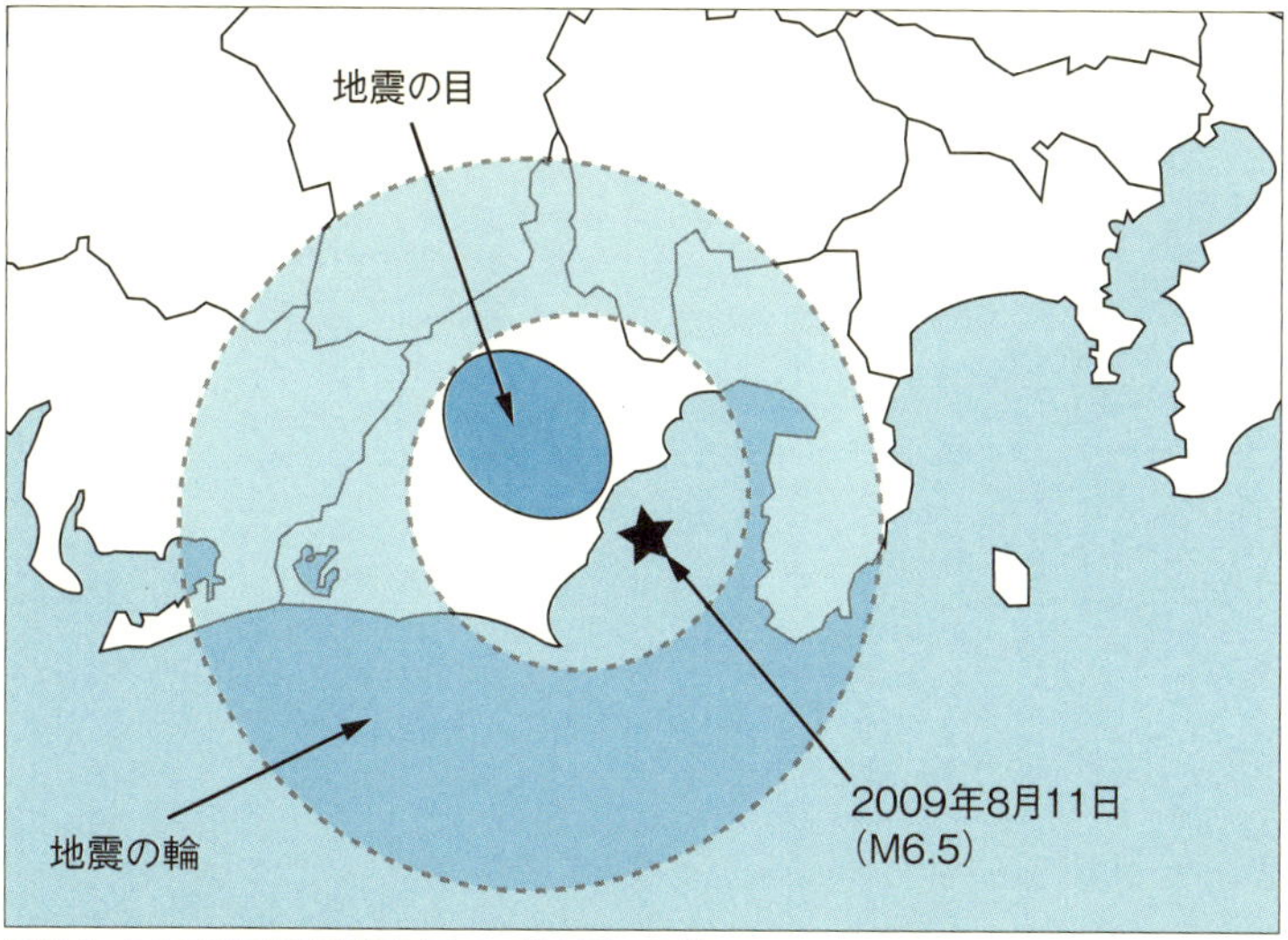

図34●2009年駿河湾地震の“地震の目”

の中にある黒目のように見えることから、「地震の目」と呼んでいます。いったんこの「地震の目」が発生すると、その付近でおよそ30年前後たったころにM6・5以上の地震（本震）が発生する可能性が高くなります。ただ、このときの「地震の目」はそれほど大きくないことから、中規模の地震の可能性が高いのですが、この時点では、場合によっては以前の地震によって起きた〝地殻の傷〟がうずいた「地震の影《ゴースト》」である可能性も否定できませんでした。

　結局、駿河湾地震はこの「地震の目」に対応して起きた地震だとみていい、と判断されました。「地震の目」の長径の大きさから推定された地震の規模は、今回の駿河湾地震とほぼ同じで、しかも震源は、西北西から東南東に延びた〝プレスリップ・ゾーン〟（前兆すべり帯）の延長線上に生じていました。

この「地震の目」が立ち上がってから、通常地震活動の累積回数を時間を追って棒グラフにすると、「地震の目」の発生と位置づけられる、最初の地震回数のピーク（S_1）が現われたのが１９７９年であることがわかります。ということは、本震（駿河湾地震）の発生はそれから〈30年±４年〉後となり、これはちょうど本震の発生年＝２００９年（±４年）となり、みごとに今回の駿河湾地震と一致します。

これもまたすでに紹介した手法ですが、周辺の火山噴火と地震との相関関係を表わす「時空ダイヤグラム」の曲線上に、２０００年の三宅島噴火、２００４年の浅間山噴火、２００７年の木曽御嶽山噴火から予測される地震の発生時期とうまく符合していることもわかってきました。

以上述べた、東海地震を予測する複数の判断をもとに、東海地震予想域の中に発生した「地震の目」から見ると、２００９年の駿河湾地震が本震となり、すでに地殻のひずみは解消された、と判断していいように思われます。現在までのところ、想定された予想震源域の中に、次の「地震の目」が現われた形跡は見当たりません。となると、今後30年の間に87%の確率で起こるとされた東海大地震が起こる可能性は少ないだろうといえます。

ただ、周辺エリアでの大地震の可能性を検討すると、今回の駿河湾地震の震源より北か南かにシフトする可能性は残っていると思われます。したがって、従来の東海地震予想域をはずれた場所の地震空白域を観察して判断するのがより有効ではないかということです。地殻のひずみの解消に関していえば、富士山の噴火によるエネルギーの解消も、視野に入れておく必要があります。

4-3 より恐ろしい（?）南海トラフ地震

Ｍ９・１規模の南海トラフ地震で最悪32万人死亡

今回の東日本大地震では、北米プレートと太平洋プレートの境界のうち、陸寄りの部分だけでなく、日本海溝寄りの領域も大きくくずれ動いたことが、〝想定外〟といわれた超巨大地震の一因であることがわかってきました。同じようなことは、すでに図11でも紹介したように、西日本のプレート境界、いやもっと南下して沖縄トラフに連なる南西諸島海溝（図12参照）でも起きる可能性がある、ということになります。

西日本では、日本列島の西半分を載せたユーラシアプレートの下に、南東から押し寄せてきたフィリピン海プレートが沈み込んでいます。これはちょうど東北地方の太平洋側と似たような構造であり、もっと言えば、スマトラ島沖地震が起きたスマトラ沖とも似たような構造です。

図35は、南海トラフ〜南西諸島海溝でもＭ９クラスの巨大地震が発生する可能性を示唆したものです。図にあるように、東日本大地震の特徴は、日本海溝寄りの領域まで震源域が広がったことでした。海溝寄りの領域は、１６７７年に起きた延宝地震（Ｍ８・０）や１８９６年に

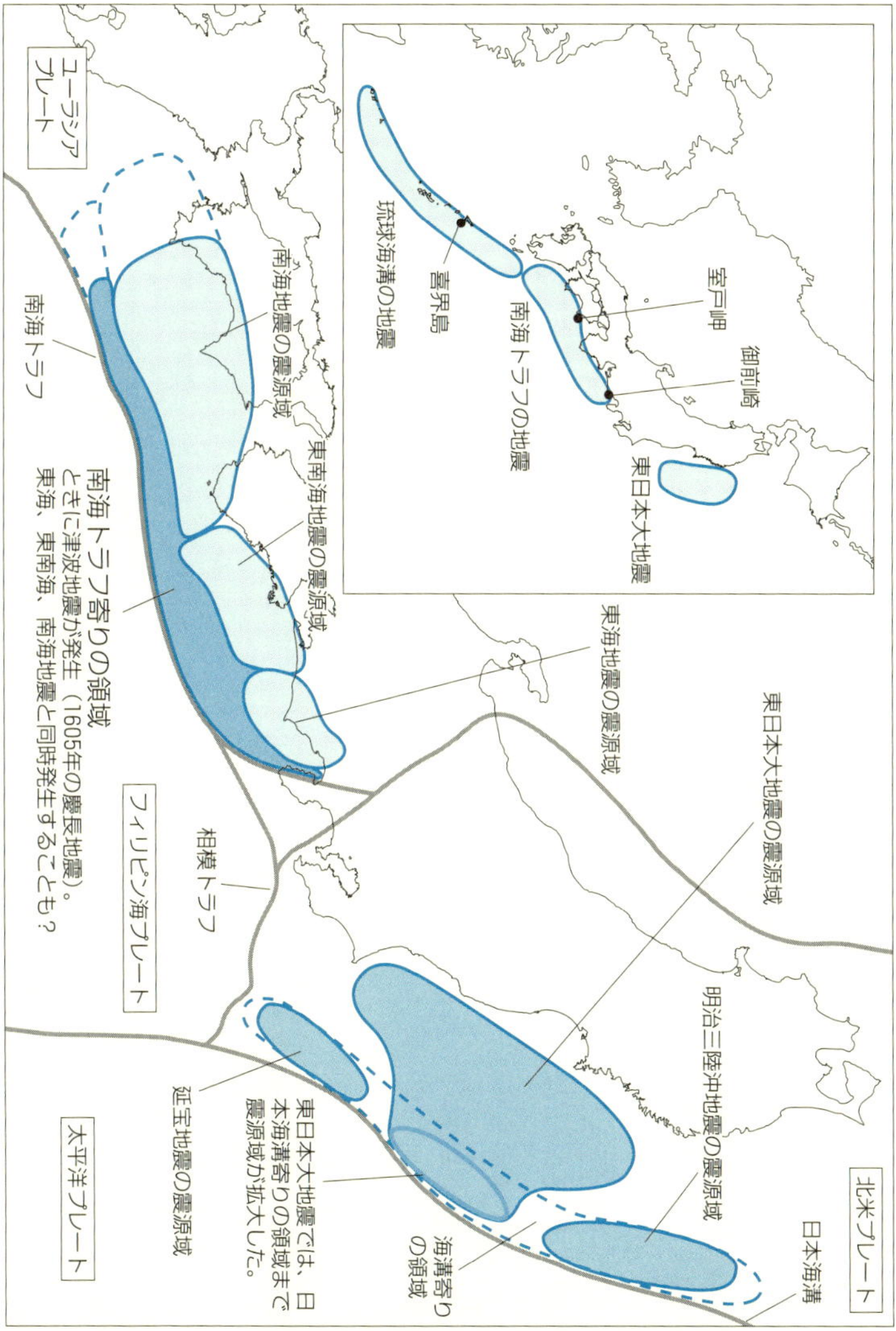

図35●南海トラフ〜南西諸島海溝での巨大地震の発生可能性

起きた明治三陸沖地震（Ｍ８・２）など、「津波地震」*といわれる地震が発生することもあります。一方、西日本では、１６０５年に起きた「慶長地震（Ｍ７・９）」も、「東海・南海・西海諸道で起きた」とされる津波地震が発生しており、東北地方と似た状況にあります。揺れは小さいものの、大きな津波を発生させる地震が津波地震ですが、この地震は海溝寄りやトラフ寄りのプレート境界で発生します。

最近では、東海地震、東南海地震、南海地震とともに、南海トラフ寄りの領域でも同時に地震が発生する可能性が、地震学者によって指摘され始めています。その場合、東日本大地震と同様、Ｍ９クラスの地震となる可能性が論じられています。

東日本大地震の場合、プレート境界のうち、地震が頻繁に発生する深さの場所に加えて、日本海溝寄りの浅い場所のプレート境界面も震源域になった、という点が大きな特徴でした。震源域が日本海溝沿いにまで拡大したため、東日本大地震はＭ９を超える〝超巨大地震〟となったのです。

つまり、こういった事実が突き詰められた結果、南海トラフで発生するプレート境界型地震についても、海溝（この場合は南海トラフ）寄りの領域も一緒に広がった震源域になる可能性が浮上してきたのです。そういった条件に合うような地震が、実際にそう遠くない過去に起きていたことが、判明したからです。過去の南海トラフの地震のなかに今まで〝謎の地震〟とされてきた地震があったのです。それが、前述した１６０５年の慶長地震だったのです。

（↘）わらず、規模に比例せず大津波が発生する場合がある。こうした津波地震は海水の上下動の差＝地殻の変動量自体は大きいものの、地殻変動が通常の地震よりも長い時間をかけて発生しその振動が小さいか長周期であるために地震計などでは小規模に把握されたと考えられている。

この慶長地震は、南海プレートで発生したほかの地震と比べて揺れは小さく、記録には「淡路島安坂村千光寺の諸堂倒れ、仏像が飛散した」とあるのみです。ところが津波の被害はすさまじく、「津波が犬吠埼から九州までの太平洋岸に来襲して、八丈島で死57、浜名湖近くの橋本で１００戸中80戸流され、死多数。紀伊西岸広村で１７００戸中７００戸流出、阿波宍喰で波高2丈、死１５００余、土佐甲ノ浦で死３５０、崎浜で死50、室戸岬付近で死４００など、ほぼ同時に二つの地震が起こったとする考え方と、東海沖の一つの地震とする考え方がある」（以上、『理科年表』〔２０１２年版〕より引用）とされています。現在の感覚で読み直すと、概略、津波の被害は広範囲に及び、５０００〜１万人の死者を出したと見積もられています。

この地震は今では、南海トラフ寄りの領域のうちのどの場所で発生したかは、不明です。そのうえ、津波地震自体が頻繁には発生しないため、特殊な例であるとして、これまであまり注目されませんでした。

けれどもこのあたりの事情は、東北・太平洋沿岸の沖合で過去、１８９６年に起きた明治三陸沖地震（Ｍ８・２〜８・５、津波による被害は甚大）のような津波地震が発生していたにもかかわらず、今回の東日本大地震を想定できなかった状況と、よく似ているように思われます。

このように考察を進めた東京大学地震研究所の古村孝志教授は、「東北地方太平洋沖地震では海溝寄りの領域まで震源域が広がったという事実を受け、あらためて南海トラフの地震を見直してみました。すると、これまで想定されていた陸寄りの震源域に加えて、慶長地震の震源

＊**津波地震**　津波と地震の関連から、地震の規模よりも大きな津波が発生するものをいう。海底において地震が発生すると海水の上下動を呼び起こして津波を発生させる。通常は大規模地震によるが、1896年の明治三陸沖地震津波など観測された地震が比較的小規模であるにもかか（↗）

域でも同時に地震が発生する可能性が、十分あることに気づきました」（『Newton』２０１１年9月号）と語っています。そして、東海地震、東南海地震、南海地震に加えて、南海トラフ寄りの領域でも同時に地震が発生した場合、津波の高さは従来の想定よりおおむね2倍になるという、シミュレーション結果を示しています。

そうしたなか、２０１２年3月末、南海トラフでの発生が懸念されている巨大な地震の〝最悪ケース〟についての震度と津波の想定結果が、内閣府によって発表されました。それによると、太平洋沿岸では、多くの地域で10メートル以上、場所によっては20〜30メートルを超える津波が押し寄せるという想定になっています。最大は高知県黒潮町の34・4メートルだとしています。

図36（口絵4ページ掲載）は、南海トラフの巨大地震による予測震度の分布図です（２０１2年3月、内閣府により発表）。考えうる最悪のケースを想定したものですが、東海から九州まで震度6以上になることが示されています。図36の下の参考図は２００３年に発表された予測震度（中央防災会議による）ですが、比べてみると一目瞭然、従来のものよりもより深刻な想定となっています。

そして8月29日、国の二つの有識者会議は、さらなる被害者想定を発表しました。２００３年想定の地震規模M８・８を、M９・１に上方修正した結果、東海地方が大きく被災する最悪のケースでは、東日本大地震の１・８倍の１０１５平方キロメートルが津波で浸水、従来の想

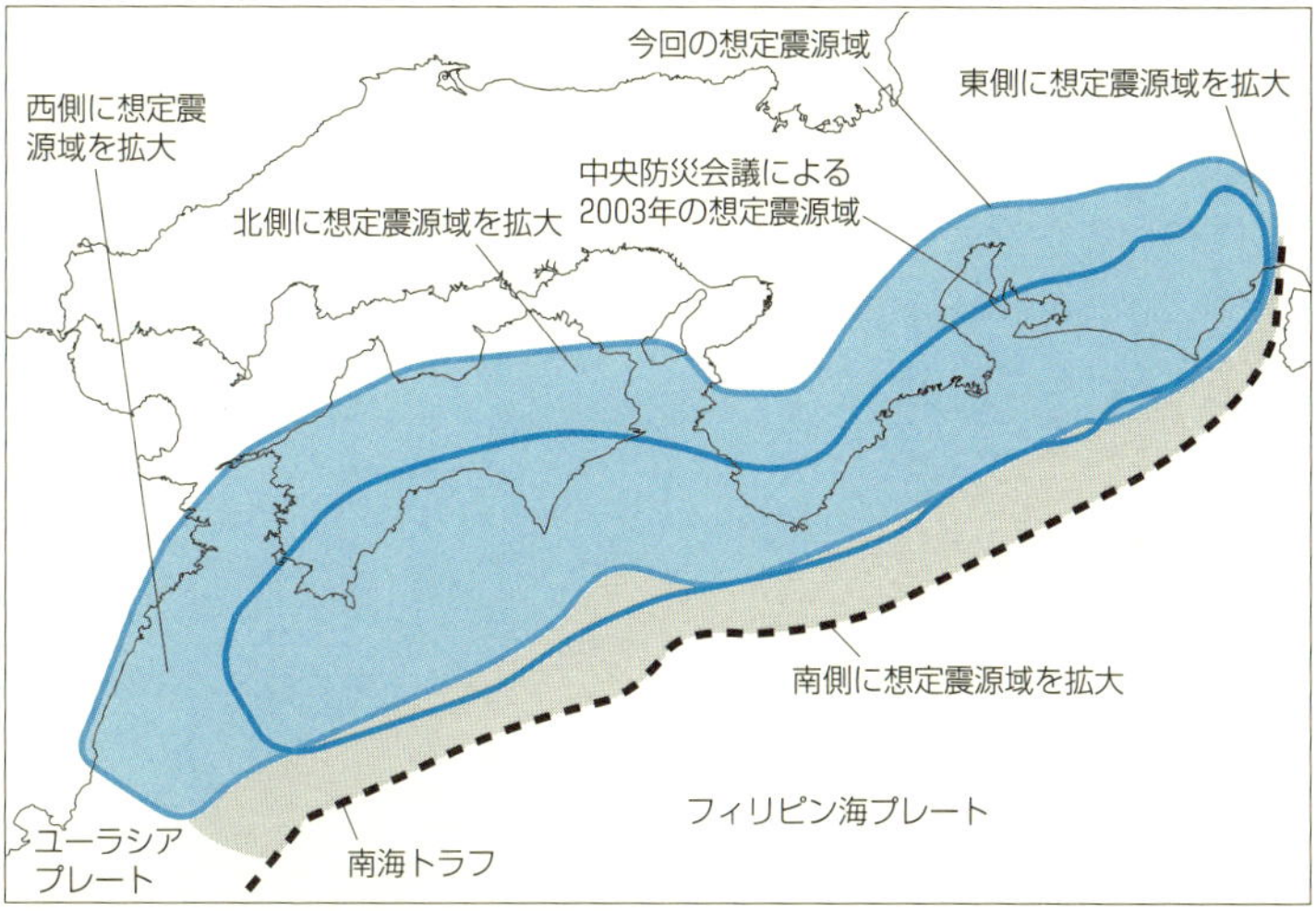

図37●2012年３月発表の想定震源域

定の13倍に及ぶ32万３０００人が死亡、近畿で大きく被災したとしても27万５０００人が死亡――という、いちだんとショッキングな内容となっています。

なぜ、これほどにも深刻な想定結果が出てきたのでしょうか？

図37は、今回想定された震源域です。２００３年時点では、実際に３連動型地震が起きた１７０７年の宝永地震（M８・６）を念頭に置いてシミュレーションしたものでした。今回、内閣府は想定される震源域（地震を発生させる断層面）の面積を従来の約2倍へと、大幅に拡大したからです。震源域が広くなればなるほど、地震の規模は大きくなります。新たな最悪ケースによる地震の規模は、東日本大地震をも凌《りょう》駕《が》するM９・１となったのです。また、今回の想定震源域は、北側へ大きく拡大されています。

それは「深部低周波地震」の発生する箇所が、調査で明らかになったからです。この深部低周波地震は、周波数の低い（ゆったりとした）かすかな揺れとして観測されます。その領域よりも浅い部分は、より強い揺れを引き起こす地震が発生する可能性が出てきたのです。今回は、調査で明らかになった深部低周波地震の発生する箇所よりも、より浅い部分が震源域として加わったから、震源域が北側に大幅に拡大したのです。

さらにもう一つ、宮崎県沖の「日向灘」で起きる地震も、東海地震、東南海地震、南海地震に連動して発生する場合があるらしい、という過去のケースを参考に、震源域は西側へも拡大していったのです。そして南側へは、今回の東日本大地震を参考に、新たに津波の発生領域を南海トラフ寄りに設定したことで、震源域が拡大しています。

3連動型よりもむしろ南西諸島～日向灘にスーパー巨大地震の目!!

図38は、木村氏が最新のデータを使って、１７００年代以降の巨大地震の空白域を示したものです。この図はまた、なぜ今になって東日本（三陸）沖合で、スーパー巨大地震とも言うべき東日本大地震が発生したのかを、はっきり示しています。この図では、１７００年代に起きた巨大地震のあと、空白域となっていた①、②、③のうち、①の空白域で起きたのが東日本大地震でした。次のスーパー巨大地震は、②か③のいずれの空白域か、あるいは両方で起こる可能性をも示しています。

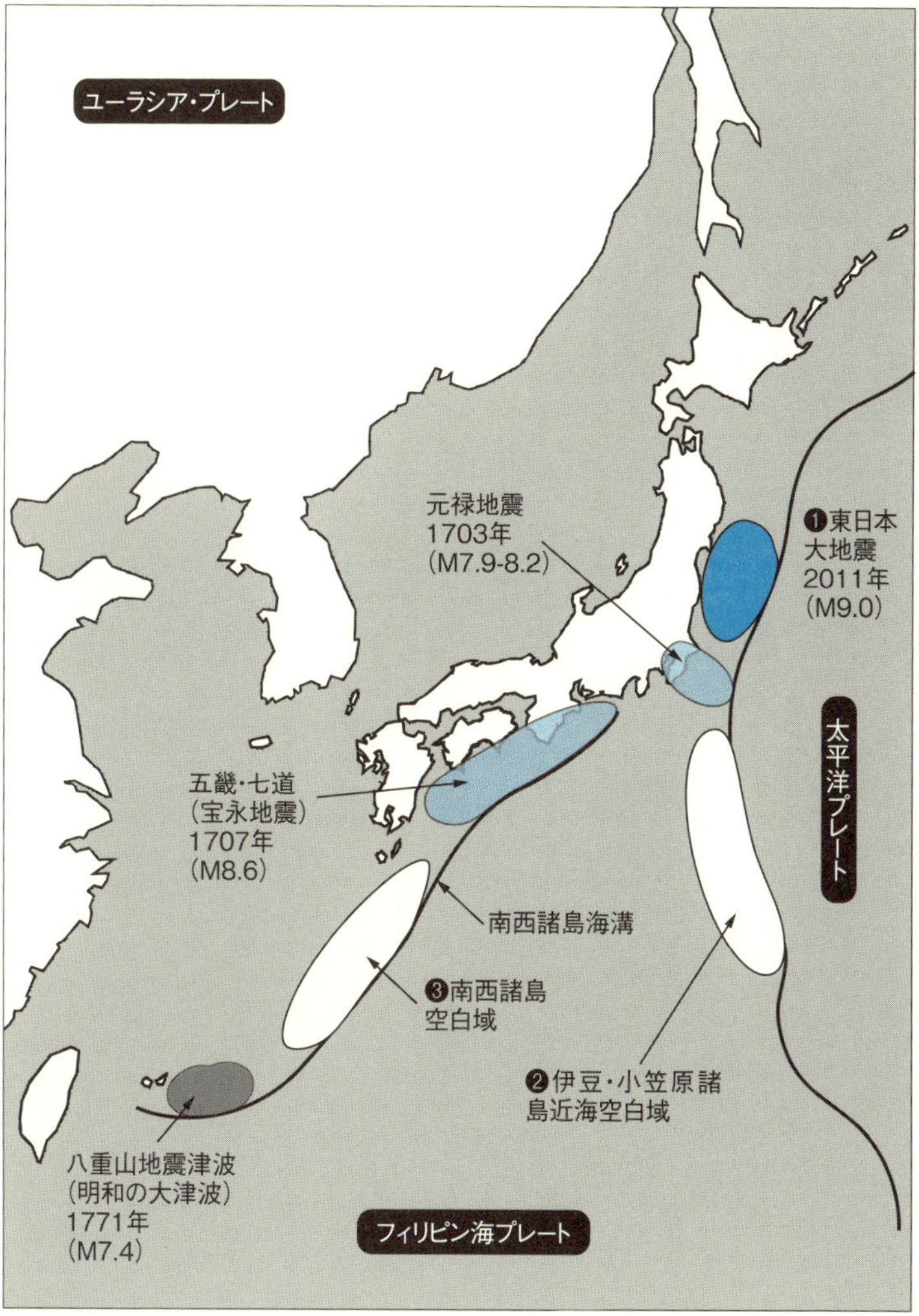

図38●最新データで絞り込んだ巨大な地震空白域

まず、空白域③の北方で起こる可能性について、検討してみましょう。

前項で、「宮崎県沖の〝日向灘〟で起きる地震も、東海地震、東南海地震、南海地震に連動して発生する場合がある」と述べたからです。この日向灘は、南海トラフの南西端にあたります。そして南海トラフはさらに南西諸島海溝（琉球海溝）につながっています。ということは、東海地震・東南海地震・南海地震の3連動型にとどまらず、「地震の部屋（ブロック）」は南西諸島海溝まで広がっているはずです。ただ注意していただきたいのは、１９４４年の東南海地震、１９４６年の南海地震で、この二つの地震の部屋はストレスが抜けており、また東海地震も前述したような理由で、ストレスが抜けていると考えられます。

となると、残るは③の空白域、［日向灘南方沖～南西諸島］が要注意、ということになります。実際にデータで分析した結果は、どうでしょうか？　まず、日向灘南方沖に目を向けてみましょう。

日向灘ではこの1世紀あまりに、大きな地震が6回起きています。１９３１年（Ｍ７・１）、１９３９年（Ｍ６・５）、１９４１年（Ｍ７・２）、１９６１年（Ｍ７・０）、１９６８年（Ｍ７・５）、１９８７年（Ｍ６・６）と、この6度に及んだ地震の間でも、ストレスが解消されないポカリと空いた空白域が、とりわけこの日向灘南部（南方沖）なのです。

この日向灘は、雲仙・普賢岳などの火山との関連も気になるところです。というのは、かつて１６５７年に雲仙・普賢岳が噴火したとき、その5年後の１６６２年に日向灘でＭ７・６の地震が起きているからです。今回、１９９１年に雲仙・普賢岳の噴火があったばかりですから、まだ危険な段階を過ぎたとは言い切れない状態です。

ところが一方で、１９９６年に屋久島で起きた地震（Ｍ６・６）で、ストレスは解消されたのではないかという見方があります。けれどもこれまで日向灘で起きた地震はＭ７・０を超えているケースが多いので、ストレスは抜けきってはいないのではないかと、なにかと気がかりな地域です。南西諸島海溝で起きるスーパー巨大地震とも連動する可能性があるので、しばらくは要注意として、観察を怠らないほうがいいでしょう。

次に、南海トラフとつながっている、③の南西諸島海溝に目を向けてみます。奄美諸島から沖縄本島周辺では、２０１０年に沖縄本島南東沖で地震（Ｍ７・３）があり、沖縄の糸満市では震度５強の揺れを観測しています。続いて２０１１年11月８日には沖縄本島北西沖で地震（Ｍ６・８）が起き、宜野湾市、糸満市では震度4の揺れを観測しています。この二つの地震でストレスは完全に抜けきったかどうかは定かではなく、注意が必要なところではあるのです。

そして最近、このあたりに「地震の目」ができているようなのです。

図39は、１９６０年年頭から２０１２年6月末までに発生したＭ３以上の地震をプロットして「地震の目」ができていることを確認したうえで、地震の累積発生回数を棒グラフにしたものです。楕円形をしている「地震の目」の長径の大きさから本震の規模を計算してみたところ、Ｍ９クラスのスーパー巨大地震である可能性が高いのです。もし仮に南西諸島海溝（琉球海

津波と火災に見舞われた1946年の南海地震(昭和南海地震)での和歌山県新宮市

東海・東南海・南海地震を考える

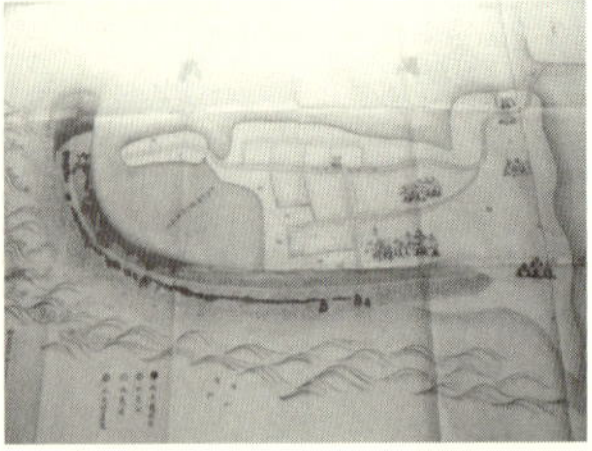

歴史地震としての安政東海地震——三重県伊勢市で見つかった同地震の津波被害状況を記録した絵図

当地域の内陸部で起きた最大級の1891年濃尾地震は死者7273名を数えた

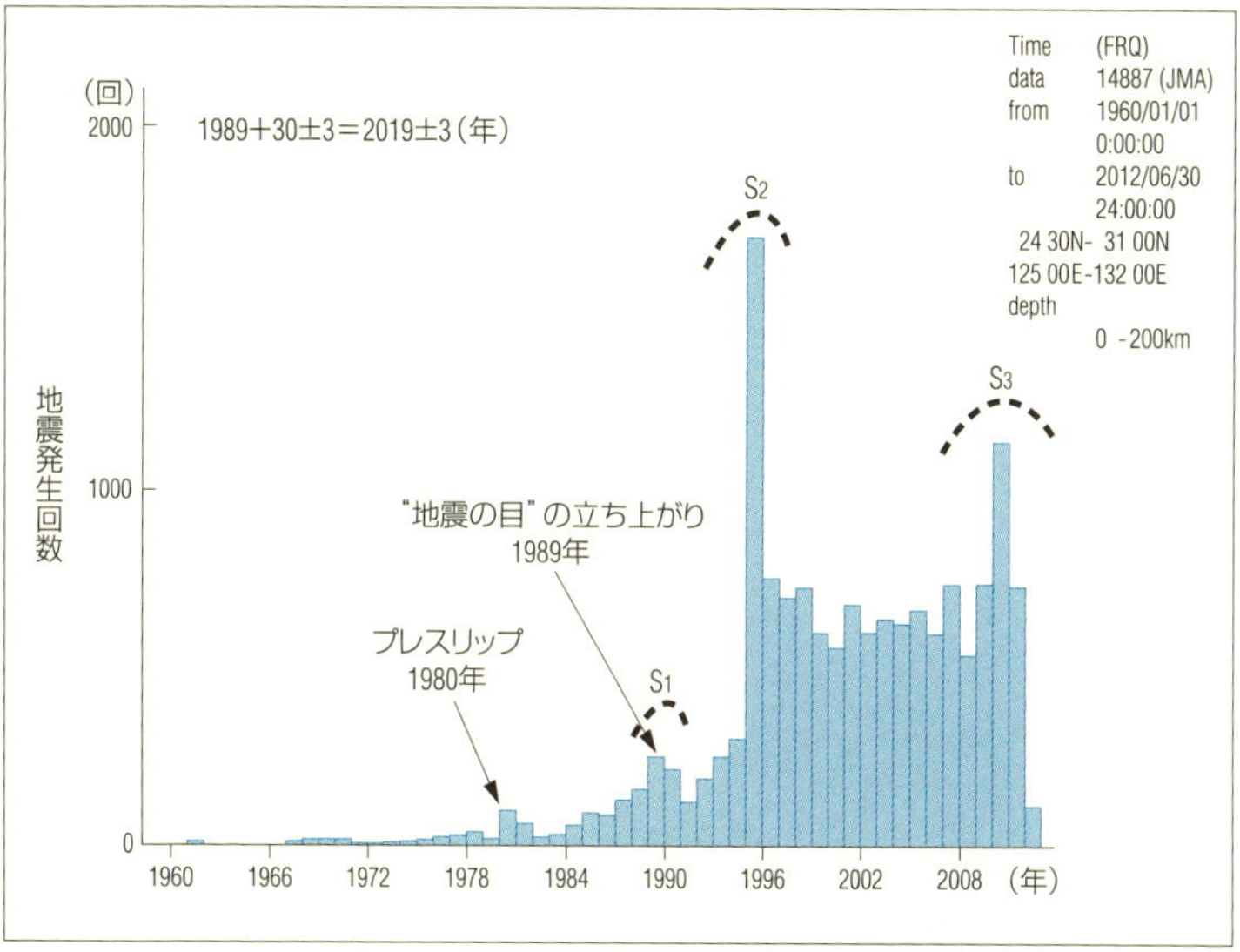

図39●南西諸島沖のスーパー巨大地震の"目"（M≧3、d＜200km）

溝）に沿った部分が割れると、その北にある日向灘南方沖にまで割れる可能性もあり、厳重注意が必要なところです。

プレスリップは１９８０年に確認されており、通常地震の発生回数から三つあるピークのうち、S_1のピークを示すカーブが始まる寸前、つまり、「地震の目」の最初の立ち上がりを１９８９年とすると、それに〈30年±３年〉を足して、本震はおそらく２０１９年±３年後（M８・８）に起こる可能性を否定できないということが、今までの経験則からわかります。震央となるのはトカラ列島〜奄美大島で、津波などに備えておくことが肝要なことだと思われます。

最後に、図38で掲げておいた②の空白域について、触れておきます。このあたりで

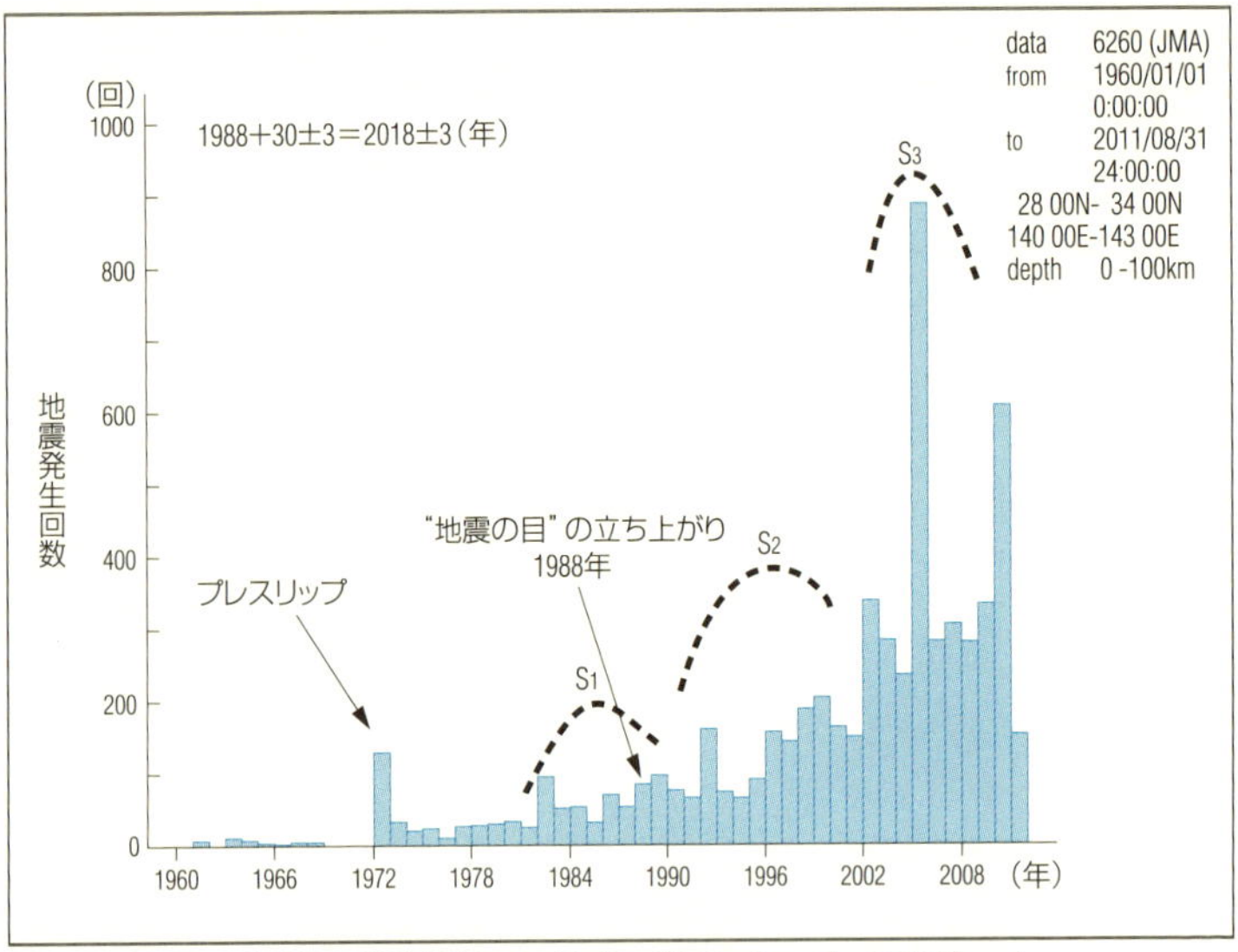

図40●伊豆・小笠原諸島近海の"目"（M≧3、d＜200km）

は、太平洋プレートがフィリピン海プレートの下に潜り込むプレート境界にあたるところで、房総半島のはるか南方沖に位置しています。「地震の目」は最初、房総南方沖で出現しているかのようにみえました。この周辺では東日本大地震の起こる２ヵ月ぐらい前、２０１１年１月頃から、群発地震のように、地震が頻繁に起こっていたところですが、東日本大地震のあと、急に収まったようにみえたところでした。

図40は、伊豆諸島から小笠原諸島にかけての海域で、１９６０年年頭から２０１１年8月31日までに伊豆はるか南方沖に出現した「地震の目」の中で起きた、Ｍ３以上の通常地震の回数を震源を棒グラフにしたものです。図を見ると明らかに、S_1、S_2、S_3の３段階のピークを持っていることがわ

かります。そのなかでも、S_1の立ち上がりが１９８８年と読み取れます。伊豆・小笠原諸島近海スーパー巨大地震という本震が発生するのは、従来の経験則から誤差を3年として、〈１９８２年＋30年±３年〉と見積もることができます。そして本震の起こる〝発生年〟は２０１２年±３年で、予想される地震の規模はＭ９・０となります。

このスーパー巨大地震は、プレート境界で起こるため、津波の可能性も高いと思われます。前述したような〝津波地震〟として振る舞うかもしれません。

そのほか、日本列島のはるか南で、フィリピン海プレートと太平洋プレートの境目で、２０１１年±３年後、Ｍ９・０＋が起こる可能性があります。また台湾の東方沖にも地震の目があり、これは２０１９年±３年後、Ｍ８・５と予想されます。

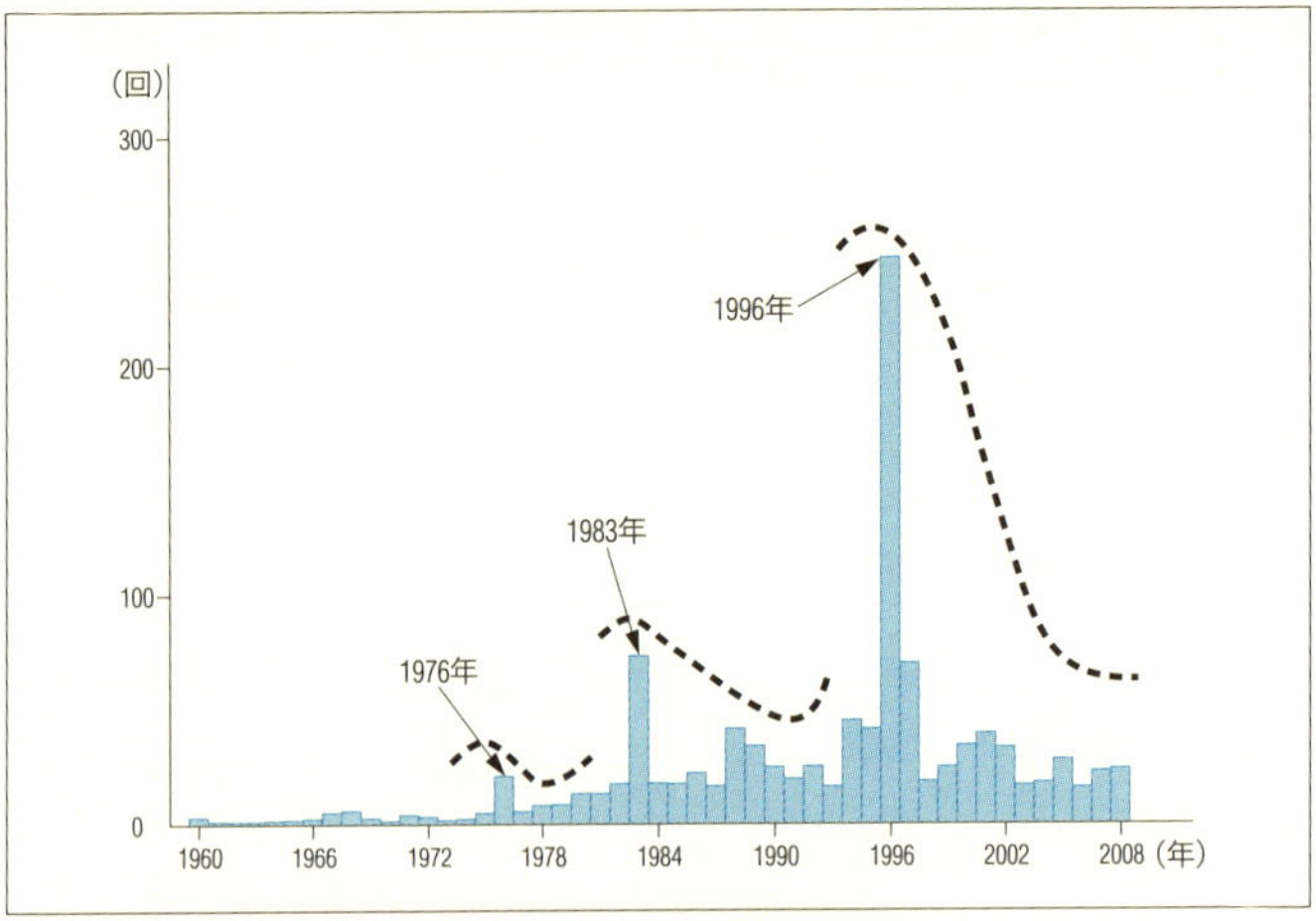

図C ● 富士山の噴火の目における地震発生回数
(気象庁による震源データ、東大地震研究所のSeis View の解析をもとに監修者作成)

図Cは、富士山の「噴火の目」における地震発生回数を示したものです。気象庁のデータを基に、1976年に「噴火の目」が立ち上がったとして、階段状に三つのピークを持った地震の“山”が現われているのがわかります。これはまさに、「地震の目」のときに現われた特徴と同じです。

すでに述べたことですが、地震の場合は、「地震の目」が現われた年から30年後が本震の発生時期と想定できるとしました。しかしこれまでの経験則から、火山の場合は、それにさらに5年を加えると、現実の噴火時期と一致しています。この5年という数字は、噴火口下の微小地震活動の時差から算出したものです。さらに噴火の場合、マグマが火道を上がっていく時間を考慮して、足し引きする誤差を「±3年」としています。

図Cで「噴火の目」の立ち上がりは1976年、それに35年、誤差を考慮して、富士山の噴火は〈2011年±3年〉と試算できます。

大地震のデータは比較的多いので、立ち上がりに加える“30年”という値はかなり信頼をおけると思います。けれども火山の

column 富士山“大噴火”を検証する....④

❖――富士山の「噴火の目」は、噴火が近いことを示している

地震と火山噴火の関係は、地球物理学の「応力とストレスの解放」といった視点から考えても、プレートテクトニクス理論を用いても、同じ原因による現象であるといえます。ということは、地震の予測をする場合に用いた「地震の目」の手法と同じように、噴火の際に生じる「噴火の目」で判断できるはずです。

プレートの動きと火山活動の関係は、本文中の図29（155ページ掲載）に示していますが、火山が噴火に至るプロセスは、二つのレベルに分けて考えることができます。まず最初に、プレートが潜り込んでいくと、火山の直下にある火道が圧縮されます。火道という言葉は、マグマ溜まりからマグマやガスが噴火口に達するまでの通り道のことを意味しています。

圧縮されると、マグマ溜まりにマグマが満ちて、周辺の地殻を圧縮し、微小地震を発生させます。地震活動がある地点に集中して起こる「地震の目」のような現象を、この場合、火山が噴火する直前の「噴火の目」としてとらえていきます。そのうち、マグマ溜まりに満ちたマグマが地表に達し、噴火となります。このようにして、「噴火の目」があれば、マグマが溜まっている証拠と考えていっていいでしょう。

1923年の大正関東地震（関東大震災）を契機に、地震の活動期は第３期に入ったとみていいでしょうが、富士山は今なお噴火していません。けれども前述したように、巨大地震との関係で見ていけば、富士山はいつ、活動期に入ってもおかしくない状況になっている、と木村氏は主張します。

氏は自身の2009年８月23日のブログで、富士山に「噴火の目」が現われたことを指摘しています。富士山に関する肝心な判断の仕方を、少し詳しく見ていきましょう。

と一致しているようにみえます。仮に次も13年かかって移動するとしたら、2011年±３年に発生するという計算になります。

この数字は、1976年の「噴火の目」の立ち上がりから計算した2011年±４年と、誤差の範囲で一致しています。二つの手法で計算しても、やはり2015年あたりが“富士山噴火の年”になりそうにみえます。

1960年以降に注目しても、富士山や周辺域で起きた地震の震源分布を見ると、富士山の火口を中心にして、地下には放射状に亀裂ができていることがわかります。

また、つい最近入手した研究者たちの情報によれば、富士山の「噴火の目」付近ではコンパスが狂い、地磁気の異常が認められた、ということです。これらの事実はすべて、富士山のマグマがかなり浅いところまで上昇し、富士山の山体が全体的に持ち上がったかっこうになっていることを示しています。

富士山のマグマの位置は、ある程度わかっています。液体を伝わっていく低周波地震が観測される位置に、マグマの頭部分があ

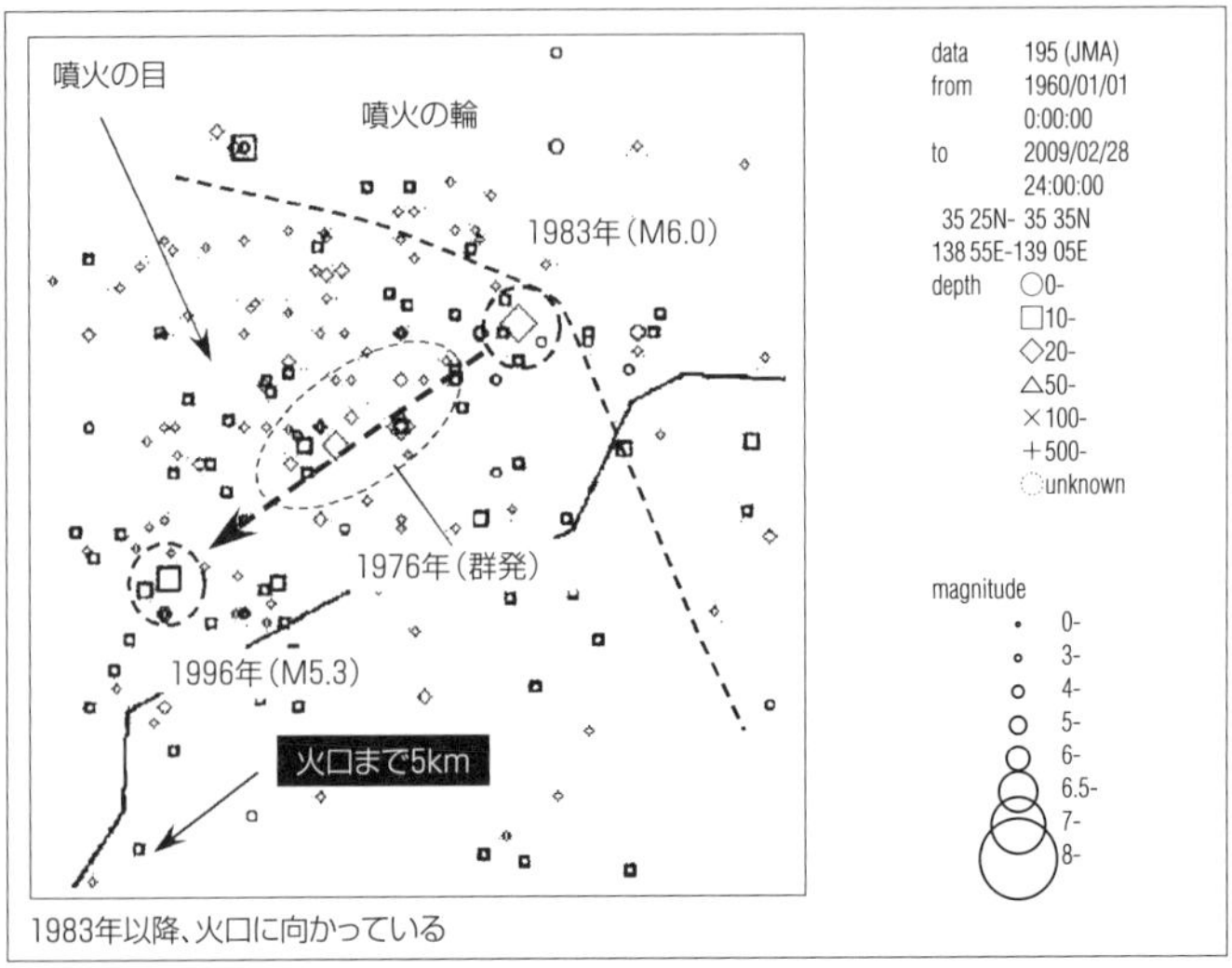

図D●M１以上の地震の富士山“噴火の目”内の活動の推移

場合は、マグマが液体であること、マグマの熱の影響で、噴火では火山によってさらに5年ほどの違いがあると、木村氏は判断しています。それでも噴火の時期は、絞っていけるはずです。

147ページに前掲の表Bは、「火山の目」が活発化した1976年以降、富士山の火山活動が活発になったことによるとみられる現象を、時間を追って示したものです。

また、同じく148ページに前掲の図Bは、富士山周辺の地震活動（20キロメートルより浅い地震のみ）を示したものです。富士山を同心円状に囲むように、地震活動の“輪”ができあがっています。同心円の真ん中にあるのが、「噴火の目」です。噴火の目から放射線状に広がっている線構造は、マグマの上昇を示すと思われます。富士山のマグマは上がってきており、今にも噴き出す可能性が大きいという見方ができます。

図Dは、1983年から13年後の1996年までの間に、「噴火の目」の中の地震活動が南西方向に移動しているようすを表わしています。これはマグマが深所から火口を目指して、上昇してくる傾向

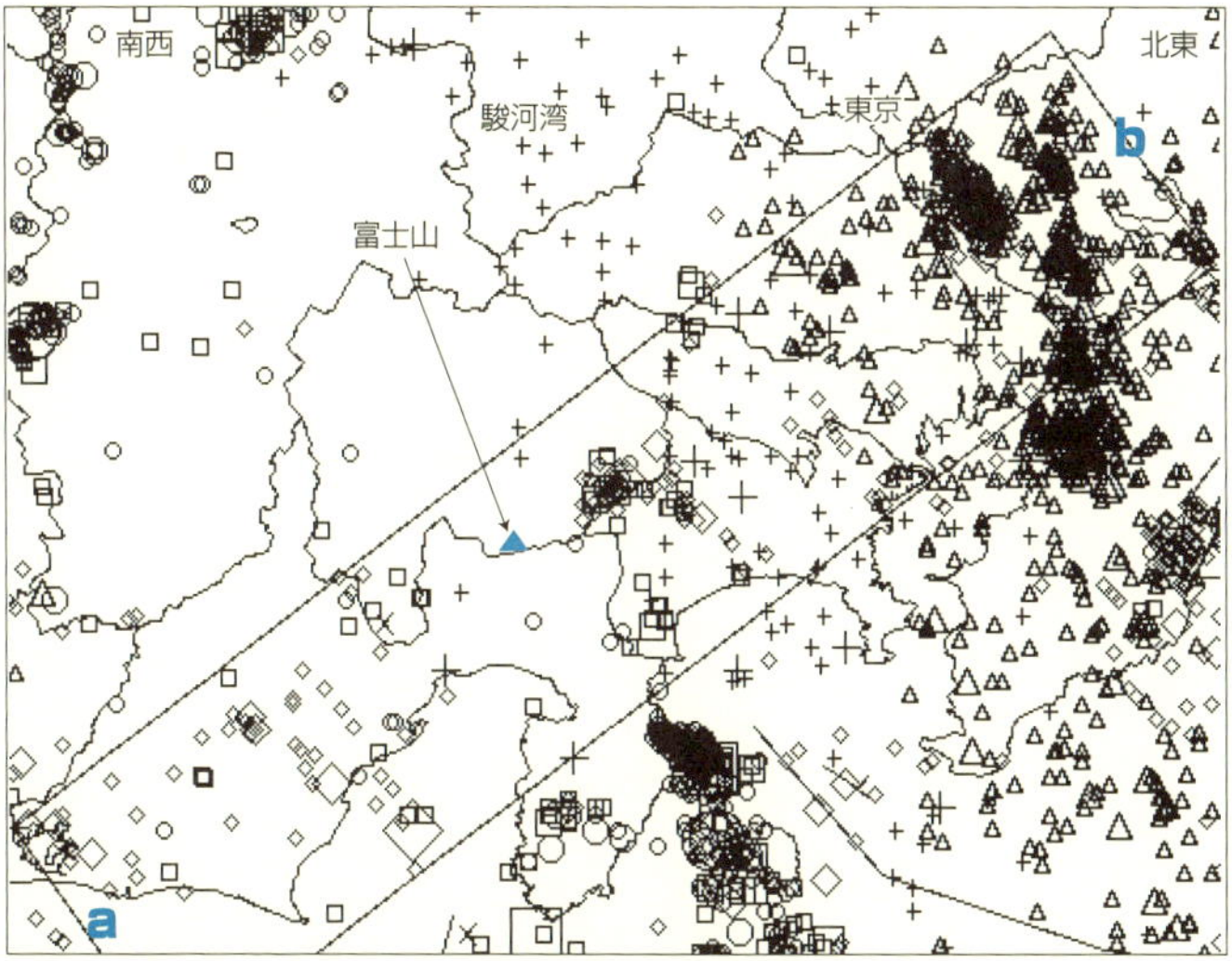

図E● 富士山を中心に、東京〜静岡で発生した地震

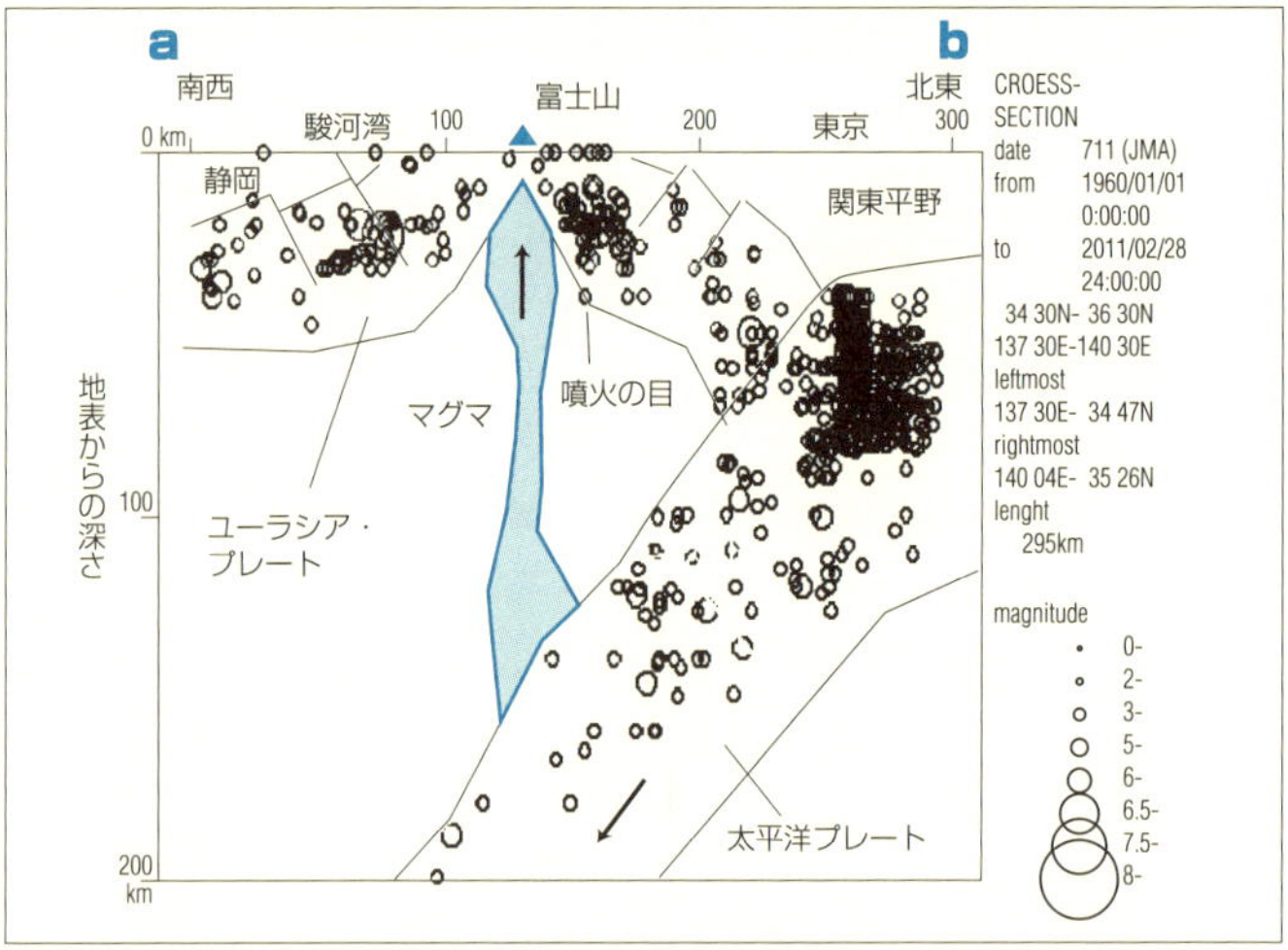

図F ● 図Eのa～b間で、地震の震央を地表～200km直下までプロットしたもの

る、と考えられているからです。分析の結果、噴火口から数キロから最大20キロメートルの位置まで上がってきている、という見方も多いのです。

その根拠となったのは、図Eと図Fです。図Eは富士山を中心に、北東から南西方向を長方形に切り取って、地震の位置をプロットしたものです。図Fは図Eでのa～b間を切り取って縦割りにして、富士山の地下のどのあたりで地震が起きたのかを示した図です。図Fで、マグマの位置と「噴火の目」が縦方向に立体的に見えます。最近の低周波地震の動きをみると、マグマは地下10キロメートルくらいまで上がってきている可能性もあるでしょう。

富士山が噴火する場合は、まず最初に珪酸《けいさん》質という粘りけの強い鉱物が放出されるとみられます。その後、粘りけの少ない玄武《げんぶ》岩が噴出しますが、先に出た珪酸質が冷えて固まり一種の防御壁のような形になるため、玄武岩はそれほど遠くまで及ばないでしょう。おそらく、谷に沿って流れ、被害も富士五湖などの周辺域にとどまるのではないかと予想されています。

Verification:Earthquake which occurs directly beneath Tokyo and giant earthquake

第5章 首都直下地震の最新想定と活断層

5-1

首都直下地震と〝自助〟

首都圏に被害をもたらす地震のタイプは三つある

いよいよ、首都直下地震の検討に入っていきます。

図41は、2005年に内閣府・中央防災会議が発表した際の、首都直下地震対策専門調査会資料よる〈首都地域直下のプレート構造と発生する地震のタイプ〉をわかりやすく図解したものです（特に断りのない場合は、この時の発表資料を使用しています）。

中央防災会議で首都圏で起きるだろうと想定している地震は、大きく分けて、次の三つのタイプに分類されています（図中に示された番号に対応）。

①プレート境界部の海溝で発生する巨大地震……「プレート境界型地震」

（①'その他のプレート境界で発生する地震）

②プレート内で発生する地震……「スラブ内地震」

③内陸部の活断層を震源とする地震……「活断層帯地震」

ただし、首都圏で起きる直下型地震には少なくとも3タイプ・18種類の地震が起こることを

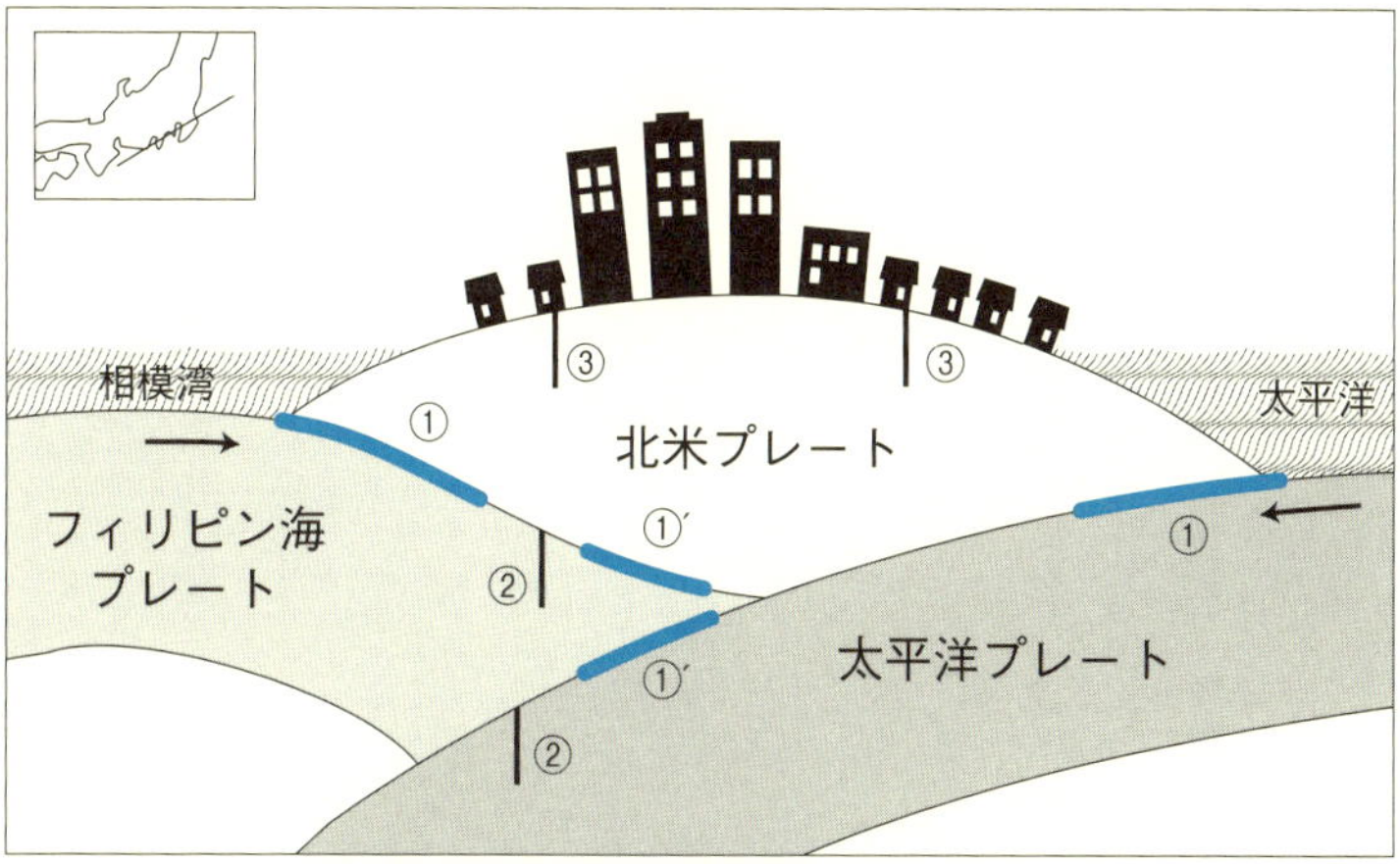

図41●プレート境界付近の大地震の規則性
（出典：防災システム研究所。一部加筆）

想定していますが、2012年3月末の発表では、東京湾北部地震については震源が以前の想定よりももっと浅くなったため、震度階級上限の「震度7」の強震に襲われる地域が広がったとして、注意を喚起しています。この点については、225ページでもっと詳しく掘り下げて紹介していきます。

当時発表された資料によると、東京に大きな被害をもたらす地震をタイプ分けすると、三つあるとされています。

一つは、相模トラフを震源とする海溝型の巨大地震（プレート境界型地震）です。首都圏がのっている北米プレートの下に、南から伊豆七島や伊豆半島を載せて、相模湾の海中・中央付近でフィリピン海プレートが潜り込んできています。そのちょうど潜り込み始めるところに深い溝ができ、それを相模トラフといい、日本海溝から相模湾まで続いています。トラフというのは海溝、あるいは細長い凹型の地形で舟状海盆ともいいます。その海溝付近で起きるＭ８クラスの巨大地震が、このタイプの地震です。なかでもいちばん新しい地震が、１９２３年の大正関東地震（関東大震災）です。これよりほぼ２００年前の１７０３年、元禄地震が起きています。この元禄地震はＭ７・９～８・２と推定され、死者２３００人以上、津波が犬吠埼から下田の沿岸を襲い、死者数千、江戸の下町で被害が大きかったという記録が残っています。

　おそらくそれ以前にも巨大地震は起きているのでしょうが、もともと南関東は湿原地帯で、江戸幕府開幕以前は未開の地でもあり、巨大地震が起きてもそれほど被害は出ませんでした。となると、記録に残らない。ここで注意をうながしておきたいのは、「大きい地震」と「大きい地震災害」は、明らかに違うということです。被害が出ないと、単なる「大きい地震」で終わってしまうだけのことです。

　もう一つ、海溝型地震に対して、直下型地震、あるいは内陸型地震（内陸直下型地震ともいう）と呼ばれている地震があります。関東平野が載っているプレートは北米プレートと考えられていますが、日本海溝よりも内側、いわゆる陸地の直下で起きる内陸の地震のことで、規模はだいたいＭ７前後。１９９５年に起きた兵庫県南部地震も内陸型のＭ７・３の地震でした。起きた災害が大きく、阪神・淡路大震災と呼んでいます。東京あるいは南関東でも、こうしたＭ７クラスの内陸型地震は、何度も起きています。

　けれどもあえていえば、神奈川県、東京も含めてやや心配される〝シナリオ地震〟が、前述したように、東海地震とされています。静岡県駿河湾の中で起きる東海地震はユーラシアプレートとフィリピン海プレートの境界で起きる、M8クラスのプレート境界型巨大地震です。

東海地震が実際に起きた場合、静岡県に大きな被害が出ますが、伊豆半島を越えて、東側の神奈川県の西半分、相模川より西側は震度6程度の揺れになる可能性があるということで、強化地域に指定されています。神奈川県の東部（横浜・川崎）、東京は強化地域には入っていませんが、震度5強、あるいは5弱の揺れになる可能性があります。

また、いわゆる長周期地震動という非常に長い周期の地震の波が起こる可能性があります。この長周期地震動とは、地震の波の特性を指しているのですが、非常に遠くまであまり減衰しないで伝わります。それがこの巨大都市・東京に押し寄せることによって、都市インフラ、大規模施設に思いも寄らぬ被害を及ぼす可能性があります。

そういう意味で、三つのタイプの地震を考えておきます。相模湾のプレート境界型、それから私たちの足元で起きる内陸直下型地震。さらに、巨大地震は少し遠くで起きるとしても、長周期地震動による影響も考えておかなければなりません。長周期地震動は、東京の超高層ビル、あるいはレインボーブリッジ、ベイブリッジなどの長大な建物、構築物、高速道路、東京湾のさまざまな巨大施設、石油コンビナートの備蓄タンクなどの長大な建物、構築物に大きな影響を与えるのではないかと危惧されています。長周期地震動は、直下の地震よりは3連動型地震や東海地震のほうが首都圏に大きな影響を及ぼす可能性がある、と考えられています。

東日本大地震以降、首都圏でも地震が急増

東日本大地震が発生して以来、首都圏で発生する地震が急増しています。

巨大地震が発生すると、その周辺で地盤の変形や〝圧縮応力〟に変化が生じます。その急激な変化を解消するため、余震や誘発地震が発生します。超巨大地震が発生したとき、その影響は広範囲に及び、安定な状態になるまでに長時間を要します。今回の超巨大地震も、周辺に多大な影響を及ぼし、余震や誘発地震は今もなお続いています。

首都圏で発生した地震については、96～97ページに掲げた図17の付表に示しておきましたが、それらの地震の発生間隔は数百年から数千年と長く、地震によるばらつきも大きいため、発生間隔がわかっているものはほとんどありません。ただ例外的に発生間隔が唯一特定されているのは、相模湾を震源とする元禄地震（Ｍ７・９～８・２、１７０３年）と、大正関東地震（関東大震災、Ｍ７・９）で、両者はともにフィリピン海プレートの沈み込みに伴うプレート境界型地震です。しかしそのほかの地震は、それが活断層による地震なのか、プレート境界型の地震なのか、それともプレート内部で起きた地震なのか、現状ではタイプ分けさえできていません。

というのはそもそも、首都圏の位置する関東平野の地下の構造をさらに詳しく図解すれば、図42のように複雑な構造になっているからです。

関東平野はもともと厚い堆積層で覆われている〝沖積平野〟*で、その下に南から北上してきたフィリピン海プレートが沈み込み、さらにその下に東（太平洋）から西進してきた太平洋プレートが潜り込んでいます。このように、２枚のプレートが沈み込み、重なり合っている場所は、世界中を探しても、この関東平野近辺だけにしかありません。

結局そのために、関東平野の地下で発生する地震にはさまざまな種類があり、本震の発生場所や発生間隔が複雑になってきます。加えて首都圏は人間の活動が活発で、しかも昼夜を問わず活動はやむことなく、都市雑音が多いため地震観測には向いていません。したがって、これまであまり研究が進んでこなかったのです。

そして、これもすでに過去に属する話ですが、文部科学省の地震調査研究推進本部は２００４年、最近１２０年間で発生した五つの地震が規則性もなく発生していると仮定することによって、今後30年に及ぶＭ７クラスの地震の発生確率を70％と評価しています。けれどもこの確率は、〈〝予知〟に必須となる場所や時間の特定はできないが、Ｍ７クラスの地震が首都圏のどこかで発生する〉としていました。

ところが東日本大震災の発生以降は、首都圏ではＭ３クラスの地震が４日間に６回以上発生しています。３・11以前は、同じ条件で４日間に１回程度起きていたので、地震の発生頻度は高まってきています。一般に地震の規模に応じて、小さな地震ほど発生数は多く、大きな地震は少ないものです。３・11以降、小・中規模の地震が増えているということは、大きな地震の

＊**沖積平野**　主に河川による堆積作用によって形成される平野の一つ。海浜堆積物による「海岸平野」と区別される。沖積平野の地層は「沖積層」と呼ばれ、１万年前〜現在の地質学上の最新地層である。

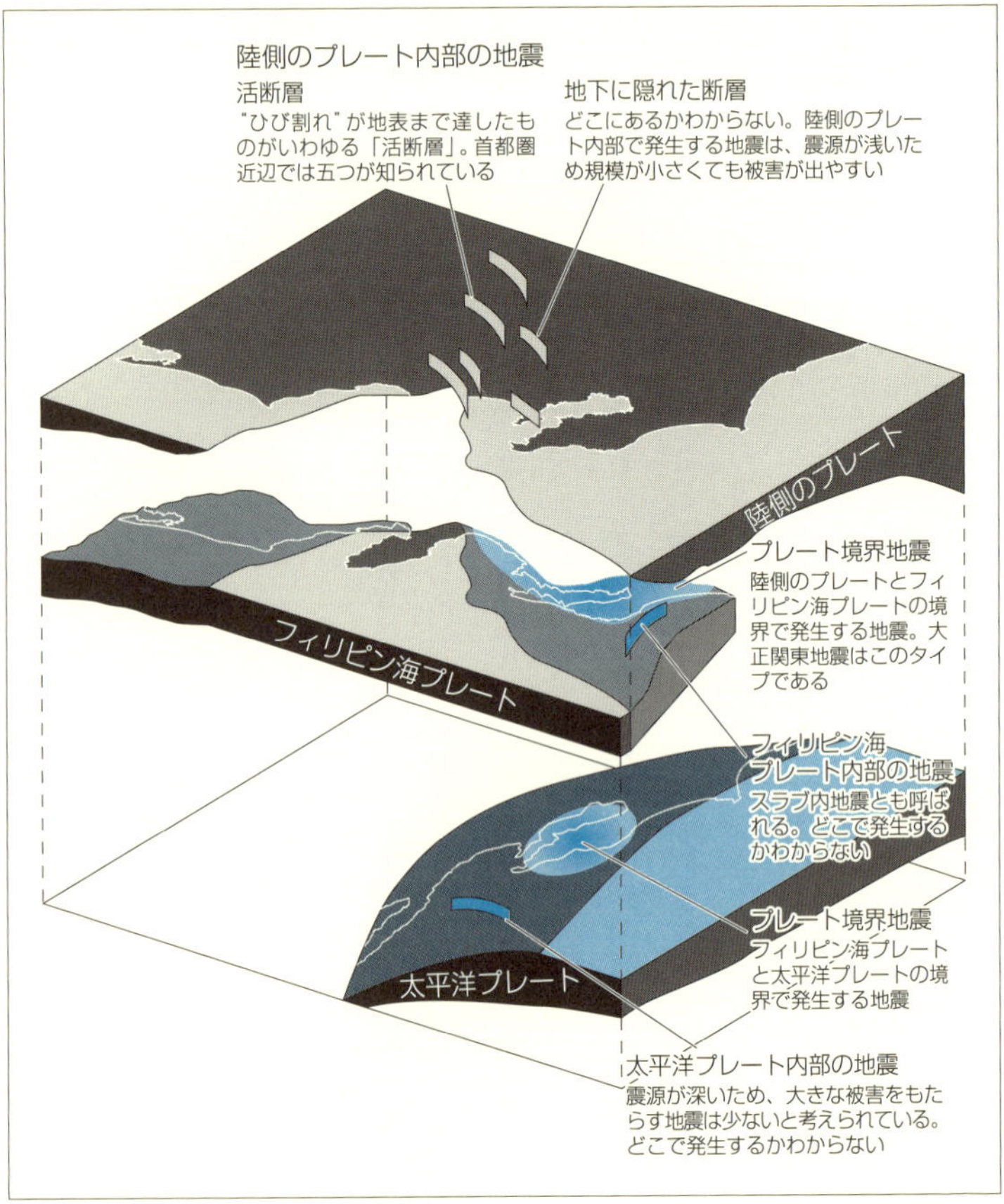
陸側のプレート内部の地震
活断層
"ひび割れ"が地表まで達したものがいわゆる「活断層」。首都圏近辺では五つが知られている
地下に隠れた断層
どこにあるかわからない。陸側のプレート内部で発生する地震は、震源が浅いため規模が小さくても被害が出やすい
陸側のプレート
プレート境界地震
陸側のプレートとフィリピン海プレートの境界で発生する地震。大正関東地震はこのタイプである
フィリピン海プレート
フィリピン海プレート内部の地震
スラブ内地震とも呼ばれる。どこで発生するかわからない
プレート境界地震
フィリピン海プレートと太平洋プレートの境界で発生する地震
太平洋プレート
太平洋プレート内部の地震
震源が深いため、大きな被害をもたらす地震は少ないと考えられている。どこで発生するかわからない

図42●関東平野の複雑な地下構造

発生頻度も高くなることを意味しています。

　前述した首都圏での現在の地震発生頻度をもとに、今後のＭ７クラスの地震の発生確率を再計算したところ、30年間で98％というきわめて高い確率になりました。時間がたつにつれ、たしかに東日本大地震の影響は少なくなっていきますが、通常地震の活動が元の状態に戻るまでには、まだしばらくかかるはずです。そのような要素を考慮しても、このように98％と高い値になっています。

　では実際に図42に即して、首都圏のどこでＭ７クラスの地震が起こるのでしょうか？　地震はどこでも起きる可能性があるとはいえ、一般的には過去に地震が起きた場所で発生します。となると、内陸の活断層やプレート境界、プレート内の弱い地盤などが考えられます。

　仮にプレート境界で地震が起きると仮定すると、首都圏に大きな影響を及ぼすのは、より浅いところ、フィリピン海プレートの上面で起こるだろうとされる地震であると考えられています。とはいえ、相模トラフを震源とする大正関東地震（関東大震災、Ｍ７・９）からはまだ90年ほど経過しただけであり、次の大地震を起こすほどのエネルギーが蓄積されているとは考えにくいのです。ただ前述したように、２００５年に中央防災会議から発表された南関東で発生するとされる地震に関しては、「東京湾北部地震」（Ｍ７・３と想定）が最も被害が大きいとされています。この地震はフィリピン海プレート上面で発生する逆断層型のプレート境界地震であり、大正関東地震の北隣に位置しています。

けれども木村氏によれば、実際にこのあたりの「地震の目」をM3以上のやや大型の地震を採用して、通常の地震活動を調べてみたところ、目下の段階では「地震の目」は形成されていないということです。通常地震の発生回数を表わした棒グラフを見ても、図43のように、「地震の目」を表わすような地震回数のパターンは、できていません。首都圏は昼夜を分かたず、活発な人間活動が営まれていて、ノイズが多いところですから、前兆現象の一種となる「プレスリップ」を見つけるのも、容易なことではありません。しばらくはこのあたりの通常地震の発生回数を観察することにより、わずかでも通常地震のピークに顕著な異変が起こっていないか、観察を続ける必要があるでしょう。

首都圏で30年以内に直下地震の発生する確率は70%!?

現在、内閣府などによって地震予知が可能とされているのは、東海地震だけです。前述したプレスリップや、直前の地殻変動の異常さから予知をするということで測地観測していますが、東南海地震はまだ予知できるような体制にはなっていません。当時、宮城県沖地震は30年以内に起こる確率が98%とされたのですが、これも観測体制はできておらず、結局、東日本大地震は予知できませんでした。内陸の地震、とりわけ首都圏の地震については、測地観測の対象となる場所がすべて市街地になるため、24時間、交通量も多く、人が動いているので、事実上不可能です。

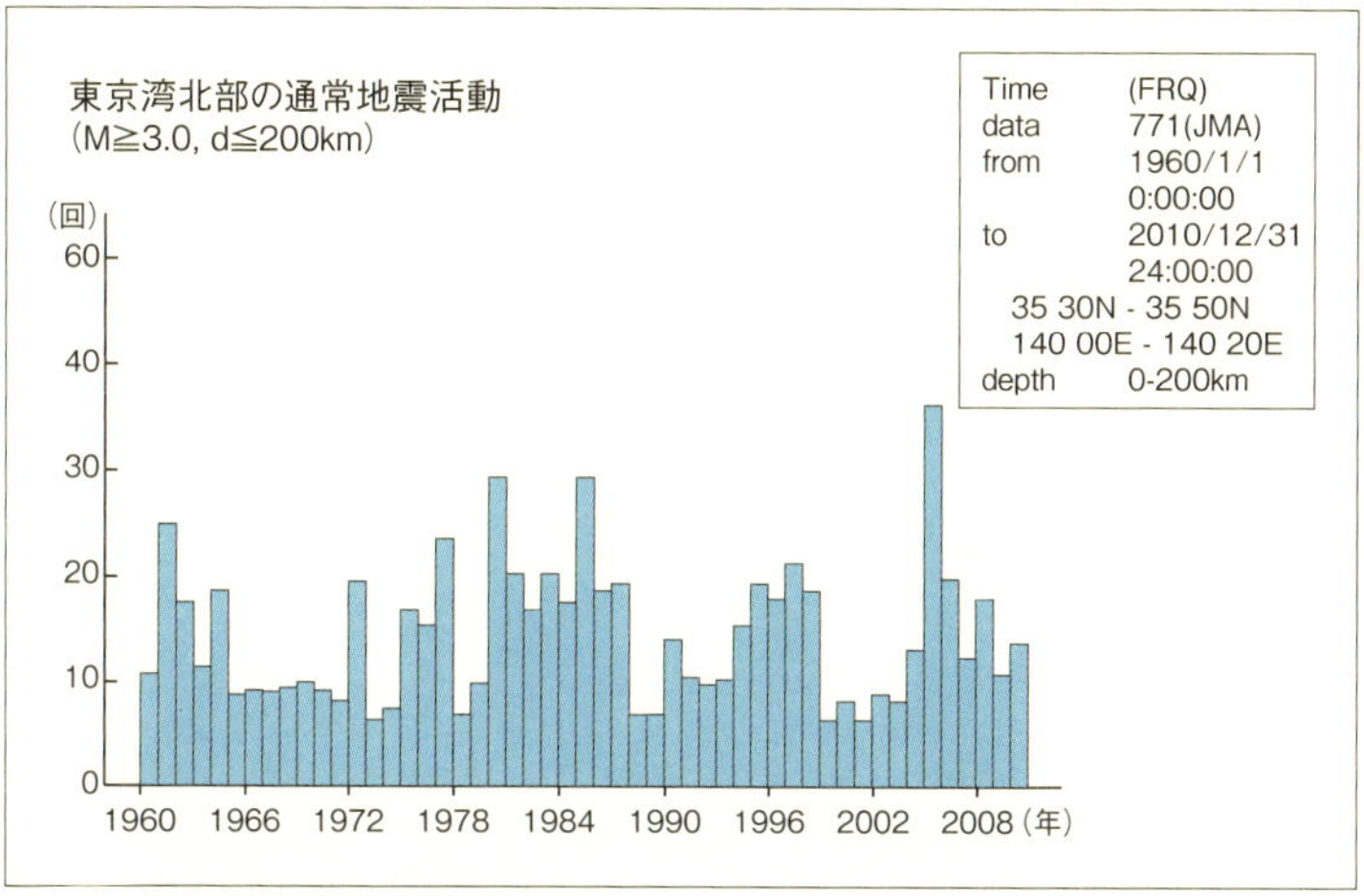

図43●東京湾北部の地震活動（Ｍ３以上のやや大型の地震を採用）

政府の地震対策専門調査会は、すでに２００４年８月、南関東ないしは首都直下でＭ７クラス（Ｍ６・８〜７・２）の地震が今後30年以内に起こる確率は70％と発表しました。この予測は、前述したように、〈確率論的地震動予測〉です。けれどもそれを受けていえば、地震が起こるのは明日かもしれないけれども、30年より先かもしれない。ただ、非常に高い確率で30年以内には起こるだろうという意味にすぎません。

しかしながら首都直下型地震に関する予測では、まさに５年、10年ぐらい先に起きるという切迫性なのです。30年以内に70％という確率は、明日というよりも５年先とか10年先ぐらいに起こる確率が高いというふうに、とりあえず理解していいでしょう。何もしないで５年から10年待つのか、その間に何をするのかが問題になってくるからです。『イソップ物語』の「アリとキリギリス」にたとえれば、この5年、10年という時間をうまく使って、日本国民がアリになるかキリギリスになるか、の問題です。この時間が、冬がくる前の季節に当たります。その時に、被害を減らすための蓄えをしっかりしておく、耐震補強する、不燃化を進める、防災町づくりを進める。それでも不測の事態が起きるので、災害が起きたあとのトレーニングをしておく……ことなどが必要になってくるでしょう。

イソップの童話でいうアリさんが自助努力をした人。キリギリスさんは自助努力をしなかった人。アリがキリギリスを助けることはできるけれども、キリギリスは、アリにはなれない。アリがキリギリスを助けるというのが、共助。全員キリギリスだと、共助は成立しないのです。

確率論を使った地震動予測によれば、野島断層が動いて兵庫県南部地震を起こす前の地震発生の確率は、０・４〜８％、一説によれば６〜７％という数字でした。同予測によれば、今のところ70％より上をいっている地震発生の確率は、宮城県沖地震の98％、参考値で東海地震の84％。その次に首都圏直下型地震の70％ということになります。断層による地震についていえば、30年以内の確率が３％というのは、それこそ明日、兵庫県南部地震と同じような地震が起きても、不思議ではないという意味です。

こうした意味合いから言えば、予知で守れるのは、せいぜい命だけでしょう。たとえば、予知が出てから建物を不燃化することも、建物の耐震補強をするということもできません。けれども、決して無価値なわけではありません。〝自助〟を取り上げたのもそういう意味からです。

地震予知注意報が出て、警戒宣言が出たとしても、その直後にできるのは、いわば、事後の対応を事前に行なうことにつきます。普通、地震が起きて被害が出てから避難しますが、「そろそろくるかもしれない」ということで、お年寄りなどは早めに避難をしておくことができます。

しかし、災害が起きたあとの直後対応を前倒しすることはできても、建物を全部建て替えるとか不燃化するとか、より安全な市街地に改造するなど、被害を軽減する根本的な対策は、日ごろから心がけるべきでしょう。

5-2 想定された首都直下〝地震像〟

首都圏では3タイプ・18種類の地震を想定

２００５年、内閣府が中央防災会議に首都直下地震対策専門調査会を設置したのも、首都圏直下型の地震が切迫している状況・環境に合わせると同時に、都や県を越えて、大都市東京の地震災害の実像・実態を明らかにすることを大きな目的にしています。

内閣府をはじめ、東京都、神奈川県、埼玉県、千葉県による被害想定のなかで、最も緊急の課題としての地震対策の対象は、内陸直下型地震です。地震対策を考えるために、いろいろなリスク・アセスメント、地震に対する事前評価をします。これには大きく分けて２種類あり、その一つは被害想定です。次の地震で現在の都市がどのような被害を受けるか、それに対応してさまざまな震災対策を準備し、災害が起きたあとの対応・対策を準備します。同時に、次の地震までにどれだけ被害を減らせるかという、被害を減らすための対策を考えるうえで、被害想定が大まかな目標を与えてくれるのです。

もう一つは、地震に関するリスク・アセスメントとして、地域危険度を策定します。東京都はこれまで5回、地域危険度を公表しています。これは、どこでどれぐらいの被害、たとえば何棟壊れるか、何人亡くなるかというような想定はしていませんが、相対的に比較して、東京のどの町が最も地震に対して弱いか、危険性が高いかを明らかにすることで、いわば被害を減らすための取り組み、防災町づくり、防災都市づくりを効果的に行なうための候補地探しの目的でなされています。

首都圏直下型地震がやっかいなのは、どこで起きるかという場所が特定できないことです。M８クラスなら、40キロメートルくらいの長さにわたって地面が動きます。つまり、震源域が40キロぐらいの長さになるということですが、南関東のどこで40キロメートルの幅で地震が発生するかはまったくわかりません。また、たとえば同じM７・２でも、震源が浅ければ、被害は深刻なものになります。

そこで実際に内閣府が実施したのは、都県や地域の実態にかかわらず、東京都などと同じ手法で同じデータを使って大都市・東京の被害を想定したことです。それも、３タイプ18種類の地震を想定したのです。これはプレートの境界面の地震だけではなく、そのほかにも可能性としてはさまざまな地震があるからです。

図44は、想定された3タイプ18種類の地震を分類したものです。

三つのタイプの地震のうち、Aタイプはプレート境界型の地震で、安政江戸地震、あるいは１８９４年に起きたM７・０の明治関東（東京）地震と似たタイプです。東京湾北部、深さ約

・プレート間地震（東京湾北部地震）、M7.3
※アスペリティのタイプを2種類想定（東3：西7、東7：西3）
※以下、特に注釈のない場合、東3：西7の結果を表わす
（東7：西3は参考値）
・プレート境界茨城県南部地震、M7.3
・プレート境界多摩地震、M7.3

Aタイプ
（深さ30km〜）

・都心東部直下地震、M6.9
・都心西部直下地震、M6.9
・さいたま市直下地震、M6.9
・千葉市直下地震、M6.9
・川崎市直下地震、M6.9
・横浜市直下地震、M6.9
・立川市直下地震、M6.9
・羽田直下地震、M6.9
・市原市直下地震、M6.9
・成田直下地震、M6.9

Bタイプ
（深さ10km）

・関東平野北西縁断層帯地震、M7.2
・立川断層帯地震、M7.3
・伊勢原断層帯地震、M7.0
・神縄・国府津—松田断層帯地震、M7.5
・三浦断層群地震、M7.2

Cタイプ

※アスペリティ：「大地震時に大きく滑る領域」のこと。
東3：西7とは、東に3の比重、西に7の比重がかかるという意味。

図44●想定された3タイプ・18種類の地震
（中央防災会議——首都直下地震対策専門調査会資料より）

ベースとなる関東大地震
瓦礫の街と化した銀座4丁目付近の震災直後の風景
（東京都立中央図書館蔵）

30キロメートル前後で、いわゆるプレート境界そのもので起きた地震と考えられているものです。兵庫県南部地震（阪神・淡路大震災）と同じＭ７・３に設定してあります。また、東京都あるいは首都圏の特性を考えて、震源を東京湾北部のほか、都心の西部、東部にも設定してあります。被害想定の結果を見ても、建物の被害については東京湾北部地震が最も大きな被害になると想定されています。人的被害は、最も人口が高密度に集中した新宿の直下で起きる都心西部直下型地震が、死者の数も最も大きいと想定されています。

Ｂタイプは、地震の規模は2ランク下のＭ６・９クラスの地震を想定してあります。ＡタイプのＭ７・３より地震の規模は０・４小さくなり、エネルギーでいうと４分の１の規模程度。深さ10キロメートル、プレート内部で起きた地震で、これは10種類（10地区）を想定しています。

日本橋や大手町の直下を震央として起きる東部直下型地震と、都心西部、新宿の直下あたりを震央として起きる都心西部直下型地震の二つの地震に関しては、震央が10キロメートルぐらい西と東に分かれている地点に想定してあります。

そしてさらに、業務核都市になっている主要8都市も想定されています。さいたま市直下地震、千葉市直下地震、川崎市直下地震、横浜市直下地震に加え、業務副次核都市・現核都市として立川市直下地震、それに東京の主要施設・主要地域の直下ということで羽田空港の直下で起きる羽田直下地震。また、東京湾でいちばん大きなコンビナートがある市原市直下地震と、成田空港の直下で起こる成田直下地震も加えて、都合10タイプを設定してあります。首都圏整備地域の都市づくりのなかで主要な施設の直下で地震を想定し、もしそうい地震が起きたらどういう被害になるかを予想してあります。

Cタイプは、現在確認されている活断層の五つのタイプによる地震です。これについては217ページで詳述します。

ほか、図44にはありませんが、いわばDタイプの多摩川直下型地震については、1997年、東京都が被害想定したものがあります。

都道府県レベルで想定すると、隣の県のことはデータがないので想定できません。神奈川県が想定すると、その地震によって神奈川県で起きる被害だけを想定しています。東京都がやっても東京都の分だけしか想定してありません。しかし、市街地は都や県の境に関係なく広がっていて、一つの地震で都県をまたがる地震災害になることはほぼ確実です。ところが実際には、総合的な被害想定をしていません。したがって、都道府県を越えて、同じ手法で同じデータを使って同じように被害想定するには、都や県が共同すればできるでしょうが、それよりも国のやるべきことだというふうに、推移してきました。首都圏の火災被害などの想定については、各都道府県の想定をつなぎ合わせることになります。

時刻・季節で違う首都圏直下地震の被害想定

表3は、地震の起こる時刻や季節により四つのシーンを想定して、想定される被害の特徴を表わしたものです。

内閣府が行なった被害想定は、3種類・18タイプの地震を設定するだけでなく、地震がどういう時間に発生するかということで4シーンを考えてあります。

【シーン1】は、冬の朝の5時。兵庫県南部地震のときのタイプです。

逆に【シーン4】は、これまで東京都とか神奈川県とかが被害想定していた時期ですが、冬の夕方6時の設定。これは最も火を使う時間帯なので、火災による被害が最も起きやすい時間帯です。実際、これは新潟県中越地震が起きた時間帯です。中越地震は2004年10月23日の夕方、午後5時59分に発生しています。しかも平日ではなく、土曜日でした。

【シーン3】では、夏の昼12時という時間を設定しています。これは大正関東地震（関東大震災）を考慮したものです。

ほか、【シーン2】は秋の朝8時。秋ということにあまり意味はないのですが、朝8時は通勤ラッシュの時間帯。満員電車が、2～3分おきに走っているような状況の下で、巨大地震が起きたらどうなるのかを考えるために、設定してあります。全部で18×4タイプというとたいへんな数になってしまうので、すべてを等しく想定してはいないのですが、発生の時刻・場所によっても被害は変わるし、発生の季節、時間によっても被害は変わってきます。

火災については、風速3メートルと風速15メートルの2タイプを想定してあります。

◆**表3　想定するシーン（時刻・季節）**

シーン設定		想定される被害の特徴
シーン1	冬、朝5時	●阪神・淡路大震災と同じ発生時間帯 ●多くが自宅で就寝中に被災するため、家屋破壊による圧死者が発生する危険性が高い。 ●オフィスや繁華街の屋内外滞留者や列車、道路利用者は少ない。 ●多くの出社困難者が発生する。
シーン2	秋、朝8時	●通勤・通学ラッシュ時で、移動中の被災者が最も多くなる時間帯。また、出社途中で出社困難となる人が少なくない。 ●毎日の流動人口については、通勤通学行動（パーソントリップ調査）、交通流動（交通センサス）などの調査が活用できる。
シーン3	夏、昼12時	●関東大震災と同じ発生時間帯。 ●オフィス、繁華街、映画館、テーマパーク等に多数の滞留者が集中しており、店舗等の破壊、落下物等による被害などによる被害拡大の危険性が高い。 ●帰宅困難者が最も多くなる時間帯でもある。 ●住宅内滞留者は、1日のうちで最も少なく、老朽木造家屋の倒壊による死者数はシーン1と比較して少ない。
シーン4	冬、夕方18時	●新潟県中越地震と同じ発生時間帯。 ●住宅、飲食店などで火気器具利用が最も多い時間帯で、これらを原因とする出火数が最も多くなるケース。中越地震でも出火率は高かった。 ●オフィスや繁華街周辺、ターミナル駅では帰宅、飲食のため多数の人が滞留。ビル倒壊や落下物等により被災する危険性が高い。 ●鉄道、道路もほぼラッシュ時に近い状況で人的被害や交通機能支障による影響拡大の危険性が高い。 ●被害直後からの初動対応は、夜間での活動となる。

（中央防災会議――首都直下地震対策専門調査会資料より）

風速3メートルというのは、兵庫県南部地震が発生したとき、火災が起きたまさにそのときの風速です。無風とはいえ、火災が起きると上昇気流が発生し、風が起きます。そのときの風速が、そよそよと吹く、風速3メートルくらいにあたります。これについては、冬の平均風速の6～7メートルだったらどういうことになるかを検討しておいたほうが、より実際的だったかもしれません。この時点では、最悪の事態ということで、風速15メートルを採用したということです。

【シーン4】の風速15メートルという数字は、大正関東地震（関東大震災）のときの風速です。このときちょうど、房総半島の沖を台風崩れの熱帯低気圧が通過中でした。地震の直後、まだ房総半島より西側に低気圧がありましたから、台風と同じように時計の逆回りに風が吹くため、東京湾を南から北に向かって風が吹き、火災がまず北へ向かって燃え広がりました。台風が房総半島を通り越すと、今度は逆に北から南に吹き戻しの風が強くなり、火災もまた北から南に、あるいは、南西に向かって燃え広がる、という結果になってしまったのです。

東京都の被害想定や、神奈川県・埼玉県の被害想定は、冬の季節風の平均風速で、だいたい6～7メートルぐらいを想定しています。

首都直下地震の震度分布を見る

この項で示しているすべての南関東地域で発生する地震と首都直下地震の震度分布図や被害

想定は、いずれも、中央防災会議が2005年に公開している想定です。

【東京湾北部地震】

図45は、プレート間地震（M7・3）の震度分布図です。つまり、東京湾北部直下の地震の想定震度分布を示したもので、最近、震源が浅いことが予想されるため、震度について見直されたため、「震度7」の地域が増えたのですが、そのいきさつについては、225ページ以下で詳しく触れていきます。なお、図45～図57は、それぞれ巻頭の口絵ページに掲載しています。

図46は、プレート間地震（東京湾北部地震）が起こった場合の、都心の震度分布図です。首都圏直下地震のうち、最大死者1万1000人、建物全壊と火災消失85万棟、経済被害112兆円と、最もひどい事態になると予想されているのが、この地震で、これは東京ディズニーリゾート付近の荒川河口地下にあるフィリピン海プレートの断層が崩れる、という想定によったものです。

【さいたま市直下地震】

図47は、さいたま市直下地震（M6・9）の想定震度分布図です。この地震を含め以下の四つの図は、主要4業務各都市直下で起きたM6・9の地震の震度分布図で、おおまかな想定被害も掲げておきました。

さいたま市直下地震により震度6強の強震度を受ける地域では、荒川沿岸部において軟弱な地盤が広範に分布しており、地震動が地表で増幅されやすく、液状化が発生しやすい地盤環境となっています。そのため、同程度の地震規模のものと比較して、大きな被害が想定されています。具体的にいえば、埼玉県を中心に、主に揺れと火災による被害が発生し、埼玉県だけで建物被害が約17万棟、死者数が2500人に及ぶ想定になっています。東京都でも約8万2000棟の建物被害が発生。火災による被害の割合が高く、全建物被害の49%を占めています。

そして、合わせての想定被害は建物：26万棟、死者数：3300人と見積もられています。

【千葉市直下地震】

図48は、千葉市直下地震の想定震度分布図で、千葉県を中心に被害が発生します。東京湾の湾岸部では液状化が発生しやすい地盤特性を有しており、液状化による全壊棟数が揺れによる全壊棟数を上回っています。全体として火災による被害の割合が高く、全建物被害の69%、全死者の49%を占めています。

想定被害は建物：約8万8000棟、死者数：800人と見積もられます。

【川崎市直下地震】

図49は、川崎市直下地震の想定震度分布図です。この地震により震度6の強震に見舞われる

地域では、多摩川沿岸部において軟弱な地盤が広範に分布しており、地震動が地表で増幅されやすく、液状化が発生しやすい環境となっています。そのため、同程度の地震規模のものと比較して、さいたま市直下の地震に次いで大きな被害が想定されています。具体的には、東京都と神奈川県を中心に被害が発生。火災による被害の割合が高く、全建物被害の76％、全死者の47％を占めています。

想定被害は建物：約18万棟、死者数：７００人と見積もられています。

【横浜市直下地震】

図50は、横浜市直下地震の想定震度分布図です。建物被害では、液状化による全壊棟数の占める割合がやや高く、揺れによる全壊棟数の2倍以上となっています。急傾斜地崩壊危険箇所が多く分布しているところから、崖崩れによる死者の割合が高く、全死者の56％を占めます。

想定被害は建物：約６万９０００棟、死者数：約７００人と見積もられます。

5-3

首都圏の〝活断層〟状況

活断層による五つの地震を想定する

　２０１２年1月、『読売新聞』が朝刊1面で「首都直下型Ｍ７級４年以内70％」と大々的に報道したことから、東日本大震災からまだ1年も経ていない時期だけに、首都圏住民に衝撃が走ったものでした。この騒動の顚末《てんまつ》については、「４年以内」という数字が独り歩きをした、と新聞に試算を供した東京大学地震研究所の研究チームはその後に打ち消しています。しかし、いずれにしても首都直下地震そのものにはさまざまな角度から目を向けないわけにはいきません。そこに注目されてくるのが「活断層」です。

　そもそも活断層は、一般的に〝最近の地質時代〟に繰り返し活動し、将来も活動することが推定されている断層です。最近の地質時代といっても、ここでは「第４紀」（約１６０万年前から現在までの、新生代最後の地質時代の名前）のことを指しています。ただし、２００万～１００万年前、そして現在に至るまでに動いたとみなされる断層のことだとする研究者もいれば、50万年～１００万年前に動いたものだとする研究者もおり、多少、取り扱う年代が違ってきます。地質学的には、１００万年以内に動いたとみなされる断層を、活断層として扱っています。後述する関東平野北西縁断層帯地震などは、３万年前〜１万２０００年前に活動したのではないかとされていますが、まだ詳しいことはわかっていないようです。

そこで以下、２００５年に中央防災会議が発表した、活断層による五つの地震の想定震度分布図と、被害想定を紹介しながら話を進めていきましょう。

埼玉の断層帯で起きたＭ７・２の地震として、関東平野北西縁断層帯地震。東京・多摩地方にある立川断層がもし動いたらどうなるかということで、Ｍ７・３の立川断層帯地震。それから、Ｍ７・０を想定した神奈川県の伊勢原断層帯地震。それに、地震の確率が上がってきたと、最近話題になっている神縄・国府津・松田断層による、Ｍ７・５の神縄・国府津－松田断層帯地震。そして三浦半島の先端にある断層による三浦断層群地震は、Ｍ７・２で被害想定を設定しています。

元荒川断層、荒川断層については１０００年どころか、数千年動かないだろうということで省略します。

また、立川断層については活動度が2で低く、３０００年に1回ぐらいの地震・断層の活動があり、最後の活動から2000年ぐらいたっています。切迫性が少し上がってはきたのですが、まだ１００年、２００年の問題ではないだろうとされています。それでも全国の断層に比べて、活動度の高い断層ということになります。むしろそれより活動度の高い関東平野北縁断層体を想定しています。東京湾北縁断層地震も活動度は2です。
神奈川県では、三浦半島断層群や、神縄・国府津－松田断層が活動度1にあたり、活動度のランクでは、活動度2よりも活発に動く可能性があるとされています。

【関東平野北西縁断層帯地震】

図51は、関東平野北縁断層帯地震の想定震度分布図です。埼玉県を中心に広範囲で被害が発生。火災の発生はほぼ埼玉県内に集中し、火災による焼失棟数は全建物被害の75％を占めますが、死者数の内訳は建物倒壊によるもののほうが多く、全死者数の58％を占めます。想定被害は建物：約22万棟、死者数：１７００人と見積もられています。

【立川断層帯地震】

図52は、立川断層帯地震の想定震度分布図です。地震規模がM７・３と大きく、埼玉県、東京都、神奈川県の広範囲にわたって被害が発生。震度６強以上の強震度を受けるエリアに中規模の人口（20万～30万人以上）を有する複数の都市を包含しており、揺れによる建物被害数は都心直下の地震動ケースに次いで多いものです。火災による被害の71％、全死者数の54％を占めます。想定被害は建物：約48万棟、死者数：約６３００人と見積もられます。

【伊勢原断層帯地震】

図53は、伊勢原断層帯地震の想定震度分布図です。神奈川県を中心に、主に揺れと火災による被害が発生。火災による被害の割合が高く、全建物被害の66％、全死者の59％を占めます。想定被害は建物：約16万棟、死者数：２６００人と見積もられています。

【神縄・国府津−松田断層帯地震】

図54は、神縄・国府津−松田断層帯地震の想定震度分布図です。これもＭ７・５と地震規模が大きく、神奈川県を中心に、主に揺れと火災による激甚な被害が発生。相模川等複数の河川沿岸に軟弱な地盤が広範囲に分布しているため、震度６強以上の強震度を受けるエリアが広範囲に存在し、この地域に中規模の人口（20万〜30万人以上）を有する複数の都市を包含しているため、被害は激甚かつ広範囲に及び、首都地域周辺の山梨県、静岡県でも死者が発生すると考えられています。火災による被害の割合が高く、全建物被害の56％、全死者の63％を占めます。想定被害は建物：約22万棟、死者数：５６００人と見積もられます。

【三浦断層群地震】

図55は、三浦断層群地震の想定震度分布図です。これもまた、Ｍ７・２と地震規模が大きく、神奈川県を中心に、主にゆれと火災による被害が発生。震度６強以上の強震度を受ける地域に

中規模の人口（20万～30万人以上）を有する複数の都市を包含しているため、被害の規模は大きく、推計死者数は、都心直下の地震動ケースに次いで多いと考えられています。火災による被害の割合が高く、全建物被害の58％、全死者の63％を占めます。想定被害は建物：約33万棟、死者数：７８００人と見積もられています。

「活断層型地震の発生予測」で注意すべき点

現時点で政府・内閣府は、信頼性の高い地震予知は残念ながらまだ技術的に困難だとしています。けれども、過去の地震発生のケースを調べることによって、将来の長期的な地震発生の確率をある程度見積もることは可能だとして、地震調査研究推進本部は全国の海域や98の主要な活断層で起こる地震の発生確率を検討し、公表してきています。地震発生の規則性がある程度わかっている地域に対しては、地震の平均発生間隔や全壊の地震からの経過年数をもとに、次の地震の発生時期を統計的に予測することが可能だとしています。当然ながら、地震の発生した直後は次の地震は起きにくく、年数がたつにつれ危険度は増していくことになります。そのため、地震の発生確率は、時間とともに変化していくことになります。

しかし、地震発生の規則性がよくわからない地域に関しては、地震が不規則に起こるものとして、発生確率の評価が行なわれます。というのはこの場合、地震はいつでも起きると考えることにより、地震の発生確率はいつも同じ、ということになります。さいころを振る場合にたとえていえば、それまでの目の出方がどうであれ、次にある特定の目が出る確率は常に6分の1である、という状態にあります。１００～１５０年の間隔で繰り返し発生する海溝型地震は別として、活断層型地震の発生間隔は数千年から数万年の非常に長いスパンになります。そのため、仮に今後30年以内の地震発生の確率を求めると、きわめて小さな値になります。これはちょうど、1週間に1度やってくる人に比べ、10年に1度しかやってこない人が明日からの３日間に会える確率は、非常に小さい値になります（活断層型地震のケース）。

　実際、１９９５年に兵庫県南部地震を起こした「野島断層」について、30年以内に地震が発生する確率は、地震が発生した時点では、０・４～８％というきわめて低い数字でした。そのため地震調査研究推進本部では、活断層型の地震の発生確率を相対的に評価するうえで、30年以内の最大発生確率が３％以上のものを「我が国の主な活断層のなかでは、高いグループに属する」と発表し、０・１～３％のものを「我が国の主な活断層のなかでは、やや高いグループに属する」とするような評価文をつけることにしています。

　けれども、このような〈確率論的地震動予測〉に関しては、注意していただきたいことがあります。それは、地震が発生する確率が高い順番に、来るべき地震が発生するわけではない、ということです。このようなケースは、実際に起きています。たとえば、「今後30年以内の発生確率が60％」といわれていた十勝沖地震（２００３年９月）が、「今後30年以内の発生確率が98％」といわれていた宮城県沖地震よりも先に発生してしまっています。このような状況は、くじ引きにたとえるとよくわかります。１００本のなかに当たりが50本入っている〝くじA〟と、95本入っている〝くじB〟があるとして、両方を引いてみたらAが当たり、Bははずれた、という場合も起こりうるということです。

東日本大地震以降、地震の発生確率が高まった五つの活断層

政府・内閣府の地震調査委員会はすでに、全国１１０の主な活断層帯についても、近い将来発生するであろう地震の規模や発生確率などを発表しています。そして東日本大地震が発生して以降、これら活断層帯について再評価を進めています。なかでもそのうち五つの断層（断層群）について、地震発生の確率が高まった可能性があると発表しました。

すでに述べたことですが、東日本大地震により、三陸沖の海底地殻が太平洋側に向かって50メートルも移動した可能性があるといわれています。この東日本大地震による地殻変動と、その後の地殻変動＝余効変動（57ページに詳述）によって、日本列島が東に移動しているため、活断層の断層面を押しつける力が弱まり、地震が発生しやすくなった可能性がある、というのです。けれども、発生確率が具体的にどの程度高くなったかについては、公表されていません。

参考までにすでに発表されている、30年以内の発生確率と想定されている地震の規模を以下、併記しておきます。ただしこの発生確率は、東日本大地震が発生する前に公表されたもので、その基準日は２０１２年1月1日となっています。つまりこれは、２０１２年1月1日から起

算して30年間に地震が発生する確率を示していますが、2011年に起きた東日本大地震による地殻変動を考慮したものではありません。そして、地震発生の確率が高まったとされる五つの活断層は、発生確率の高い順に示すと、以下のようになります。

①「糸魚川－静岡構造線断層帯」の一部の「中部／牛伏寺《ごふくじ》断層」（長野県）

②「立川断層帯」（埼玉県～東京都）

③「双葉断層帯」（宮城～福島県）

④「三浦半島断層群」（神奈川県）

⑤「阿寺《あでら》断層帯」のうちの「主部・北部／荻原断層」（岐阜県）

そのうち、ここでは首都圏の地震活動に影響のある活断層二つについて取り上げましょう。

②の立川断層帯は、埼玉県飯能市から東京都府中市へと続く断層帯であり、想定される地震はM7・4程度で、発生確率は0・5～2％と、確率がやや高いグループに属します。ちなみに、この確率は前述したように〈東日本大地震発生前〉のものです。

ともあれ、政府・内閣府の想定によると、東京を中心に最大48万棟が全壊し、死者は約6300人とされています。

④の「三浦半島断層群」（神奈川県）は、主要な三つの断層帯を含んでいます。そのうちの「主部／衣笠・北武断層帯」で想定されている地震はM6・7程度（もしくはそれ以上）で、発生確率は、先記と同じく東日本大地震発生前ものでほぼ0～3％となっています（確率は以

下同）。

次に「主部／武山断層帯」で想定されている地震はM6・6程度（もしくはそれ以上）で、発生確率は6〜11％と、かなり高いグループに属しています。

そして、「南部」で想定されている地震はM6・1程度（もしくはそれ以上）で、発生確率は不明とされています。したがって、地震が発生すれば、三浦半島や横浜市、千葉県の一部が震度6強の揺れに襲われる可能性があります。

これら五つの活断層のなかで、発生確率が最も高いのは①の中部／牛伏寺断層で、14％とされています。

地震調査委員会によれば、今後も余効変動が続けば、さらに発生確率が高まる断層が増えていく可能性がある、としています。

震源を従来よりも浅く想定すると「震度7」の地域が点在！

2012年3月30日、首都圏でM7前後の地震が発生した場合、新しく想定し直された〈確率論的地震動予測地図〉が、文部科学省＊から発表されました。ただ今回発表された新しい想定は、「東京湾北部地震」（M7・3を想定）の3通りの起こり方と、千葉県北西部で発生する「千葉県北西部のスラブ内地震」（同M7・1）の2タイプ、計4通りの震度分布図です。

内閣府の中央防災会議で3タイプ・18種類の地震が想定されたとき、最も被害が大きくなる

＊**文部科学省のホームページ**　文科省の分野別研究開発のうち、地震・防災分野としてある。このHPアドレスはhttp://www.mext.go.jp/a¥_menu/kaihatu/jishin/。自然災害による被害の軽減を目指した活動を行なっている。

と予測されたのが、東京湾北部地震でした。この地震の想定震源域は、大正関東地震（関東大震災）の震源域の北隣に位置しています。関東地震のタイプの発生は、およそ２００年間隔といわれており、となると次の発生は１００年以上先になります。このため、現段階では東京湾北部地震のほうが警戒されています。東京湾の沿岸部は首都機能が集中しているため、被害は非常に大きくなると心配され、被害想定も最大規模となっています。

　では今回なぜ、文部科学省は東京湾北部地震のマップを新たに作り直したのでしょうか？

　じつは、東京湾北部地震を引き起こすとされるプレート境界面の位置が、従来の考えよりも10キロメートルほど浅く、深さ20〜30キロメートルであるということにされたからです。地震の発生源が浅い（より地表に近い）ということは、とりもなおさず地震の震度もそれだけ大きくなる、ということになります。

　実際、震源を浅くして被害を想定した結果、２００５年の中央防災会議による検討結果に比べて、多くの場所で震度が大きくなりました。

　図56は、中央の★印から断層の破壊が始まった場合、東京湾北部地震の予測震度を示したものです。今回の想定では、震度7の地域もところどころに見られ、震度6強の地域も広がっています。断層の破壊が始まる「開始点」を変えただけでも、震度の計算結果は変化しています。

　図57は、もう一つの千葉県北西部スラブ内地震が発生したときの予想震度マップです。

　ただ、今回想定の対象となった東京湾北部地震も千葉県北西部のスラブ内地震も、あくまでも、首都圏で発生する地震の〈数ある可能性のうちの一つ〉なのです。改めて想定の対象となった二つの地震だけを警戒するのは、非常に危険な判断です。

というのも、今回の想定でも予測できない〝不確定な要素〟があるからです。たとえば、地震の規模＝Mの値が想定どおりのM７・３になるとは限らないし、アスペリティ（固着域）の位置が想定どおりになるかどうかもわかりません。

首都圏で〝震度7〟が記録されたことは、まだ一度もありません。前述しましたが、この震度7という震度階級は１９４８年の福井地震（M７・１）をきっかけにできた尺度で、それまでの上限は震度6でした。兵庫県南部地震が日本で初めての震度7ということになり、新潟県中越地震が2回目の震度7、東日本大地震では宮城県・栗原町で震度7を記録しています。

首都圏直下地震に関しては、最近の例で言えば、１８９４年に起きた東京湾北部を震源とする明治首都直下地震（M７・０）があります。このとき東京都東部、神奈川県東部、埼玉県南東部などで震度5、一部で震度6相当の揺れが生じています。ただ、東京、横浜などの湾岸部で被害は大きく、鎌倉や浦和まで被害が及びましたが、死者は31人にとどまっています。

また、１８５５年に起きた安政江戸地震（M７・０〜７・１）では、江戸町方で死者４０００人余、武家方で死者約２６００人あまり、合わせて死者は1万人に及ぶともされています。けれどもどういうタイプの地震だったのか、いまだにわかっていません。陸の北米プレートの地下に二つもの海のプレート（フィリピン海プレートと太平洋プレート）が沈み込んでいる関東エリアの場合、震源の候補になりうる場所が多いため、はっきりと判明していないのです。けれども、気象庁の震度階級（112ページ参照）でいう震度7では這《は》って歩くのもまず無理でしょう。テレビやピアノが飛んだ例もあり、身を守ることで精一杯、という状況になるでしょう。自分の命は自分で守るしかない、いわゆる〝自助〟を第一に考えなければなりません。

　そうした意味合いからも、本書は〈来るべき〝地震像〟を明らかにしたい〉として論を進め、さらにできるだけ正確な〝予知の手法〟を探ろうとしてきましたが、ここに〝自助〟においてもそれらが必要なのだと結論づけられるように思います。人々が地震からの防災を考えるとき、何より必要なことは正しい情報に基づいて、本震に備えることだからです。

　当項に取り上げた文部科学省による東京湾北部地震、千葉県北西部のスラブ内地震の想定は、先記したとおり〈確率論的地震動予測地図〉のうちにあります。しかし、だからといって捨ててしまってはいけないことは言うまでもありません。ともに、首都圏で発生する地震として、数ある可能性のうちの一部に注目したものです。それはいわば、現時点で科学的に考えうる最悪のケースを検討してみたものです。この想定結果をふまえ、どの学説が真実かを冷静に、そして正確に受け止めて対策につなげていきたいところです。

◆参考文献一覧

本書の執筆に関して、以下のものを参考にさせていただきました。

『なぜ起こる？　巨大地震のメカニズム――切迫する直下型地震の危機』編集工房SUPERNOVA 編著、木村政昭監修（技術評論社・知りたいサイエンスシリーズ、２００８年）
『〈図解〉東京直下大震災』中林一樹著（徳間書店、２００５年）
『噴火と大地震』木村政昭著（東京大学出版会、１９７８年）
『地震は予知できる』木村政昭著（徳間新書、１９８９年）
『噴火と地震――揺れ動く日本列島』木村政昭著（徳間書店、１９９２年）
『大地震の前兆をとらえた！』木村政昭著（第三文明社、２００８年）
『「地震の目」で予知する　次の大地震』木村政昭著（マガジンランド、２０１０年）
『富士山大噴火！――不気味な5つの兆候』木村政昭著（宝島社、２０１１年）
『富士山の噴火は始まっている！』木村政昭・山村武彦共著（宝島社、２０１２年）
『いま注意すべき大地震』木村政昭著（青春新書、２０１２年）
『超巨大地震は連鎖する』木村政昭著（角川学芸出版、２０１２年）
『日経サイエンス』２０１１年6月号「特集・東日本大震災」（日経サイエンス社）
『日経サイエンス』２０１２年2月号「迫る巨大地震、最悪のシナリオは何か」（日経サイエンス社）
『Newton』２０１１年6月号ほか（ニュートン　プレス）
『地震列島と原発』ニュートン別冊「首都直下、東海、東南海、南海地震に備える」（ニュートン　プレス、２０１２年）
『首都直下型　震度7　大震災予測』ニュートン臨時増刊（ニュートン　プレス、２０１２年）

川崎市直下地震●209, 215
関東平野北西縁断層帯地震●218
神縄・国府津－松田断層帯地震●218
橄欖石●45
北アナトリア大断層●57
空白域●21, 22, 106, 130
玄武岩●51
牛伏寺断層●224
◆さ行◆
さいたま市直下地震●214
相模トラフ●81, 87, 89, 91, 98, 100, 102, 195, 201
サンアンドレアス断層●57
３連動型巨大地震●36, 61, 71, 81, 120, 162, 182, 197
地震調査研究推進本部●14, 24, 25, 118, 161, 199, 221
地震の部屋●163, 182
地震の目（サイスミック・アイ）●19, 21, 23, 59, 68, 107, 122, 125, 132, 142, 154, 165, 170, 183, 202
地震の輪（サイスミック・リング）●23, 133, 137
地震波●63
首都直下（首都圏直下型）地震●21, 73, 87, 95, 98, 100, 194, 203, 213
震度階級●112, 195, 227
スラブ●43
スラブ内地震●36, 194, 226
駿河トラフ●81, 161
銭洲断層●81, 87
全地球測位システム（GPS）●63
セントヘレンズ火山噴火●33, 54
◆た行◆
第１種空白域●23, 107, 131, 135, 140, 170
第２種空白域●131, 140
（噴火と地震の時空）ダイヤグラム●21, 30, 123, 126, 172
第４紀●217
立川断層帯●224
立川断層帯地震●218
千葉県北西部スラブ内地震●225
千葉市直下地震●215
中央防災会議●89, 166, 178, 201
長周期地震動●197
津波地震●176
手石海丘噴火●54
東海地震●61, 66, 67, 73, 120, 138, 161, 165, 168, 178, 197, 202
東南海地震●61, 120, 165
東京湾北部地震●201, 209, 214, 225
都心東部直下地震●209
都心西部直下地震●209
トラフ●57
◆な行◆
内陸直下型地震●36, 145, 166, 196, 206
南海地震●120, 165, 178
南海トラフ●81, 103, 161, 166, 174, 178
日蓮、『立正安国論』●99
『日本三代實録』●27, 37, 75
日本列島断層●32, 78, 80, 83, 85, 121
ネバドデルルイス火山噴火●33,54
野島断層●222
◆は行◆
白山噴火●91
八丈島噴火●91
ひずみ（と応力）の解放（解消）●137
富士山噴火●27, 91
双葉断層帯●224
プレスリップ（先行すべり）●66, 137, 140, 161, 171, 202
プレート間（海溝型）地震●39, 82, 144, 194
プレート境界型地震●36, 47, 100, 194, 197, 201, 207
プレート内直下型地震●99
噴火の目●154
放射線崩壊●40
ホットスポット●41, 54
◆ま～ら行◆
マグニチュード●14, 37, 49
マグマ溜まり●28, 30
マグマの上昇●153
マントル●45
マントルプルーム●46, 54
三浦半島断層群●224
三浦断層群地震●218
水噴火●28
三宅島噴火●32, 54, 172
宮城県沖地震●202
モーメントマグニチュード●19, 111
余効変動（余効すべり）●24, 58, 223
横浜市直下地震●216
ラキ火山噴火●51
ロバート・ゲラー●15, 17, 119

索引

当索引は“歴史地震”を中心に図ページ等を除いた本文より抽出し、煩瑣を避けるため各事項の掲載ページに関して、「東日本大地震（東日本大震災）」でのp.27～29など連続して記述のある部分は、その当初ページのみを示すなどして簡略化した。配列は歴史地震内を含め50音順としている。

◆歴史地震・津波◆

安政江戸地震●7, 89, 98 101, 207, 227
安政東海地震●28, 165
安政南海地震●98, 165
石垣島南方沖地震●32
永長地震●27
延宝地震●107, 109, 174
関東大地震（関東大震災、大正関東地震）●7, 61, 86, 92, 100, 109, 123, 151, 159, 196, 198, 201, 211, 213, 226
関東・東北地方沖地震●27
北伊豆地震●100
畿内七道地震●27
釧路沖地震●83, 109
慶長地震●176
芸予地震●86
元和江戸地震●28, 101
元禄地震●28, 101, 196, 198
康和南海地震●27
五畿七道地震●28
サハリン大地震●80, 83
三陸はるか沖地震●22, 83, 134
四川大地震●55, 137
正嘉大地震●99
貞観地震●27, 37, 150, 162
貞観津波●17, 119
昭和三陸沖地震●22,103
昭和東南海地震●73, 82, 103, 165, 182
昭和南海地震●103, 182
深部低周波地震●180
スマトラ島沖地震●19, 29, 33, 39, 61, 68, 111, 174
駿河湾地震●87, 165, 168, 171
台湾大地震●85
千葉県東方沖地震●87, 110
沖積平野●198
チリ地震●19, 28 33, 49, 61, 71, 122
十勝沖地震●61, 86, 103
鳥取県西部地震●32, 86,
新潟県中越沖地震●15, 16, 80, 86, 119, 135, 160, 168
新潟県中越地震●2, 15, 16, 32, 80, 86, 119, 142, 168, 211
日本海中部地震●80
根室沖地震●103
濃尾地震●166
能登半島地震●86
兵庫県南部地震（阪神・淡路大震災）●2, 15, 16, 32, 80, 85, 86, 119, 130, 134, 142, 159, 168, 196, 211, 213, 222
東日本大地震（東日本大震災）●2, 14, 18, 27, 32, 34, 39, 57, 61, 85, 109, 118, 126, 134, 140, 144, 150, 176, 198
福井地震●166, 227
福岡県西方沖地震●86
福島県沖地震●22
宝永地震●28
房総沖地震●92, 103, 123, 151, 159
北海道東方沖地震●83, 109
北海道南西沖地震●80, 83, 109, 134
明応地震●27
明治関東地震（明治東京地震）●7, 101, 207
明治三陸津波●17, 119
明治三陸沖地震●22, 24, 177
三河地震●166
八重山沖地震●85

◆あ～か行◆

アウターライズ●58
浅間山噴火●123, 127, 172
アスペリティ（固着域）●60, 62, 64, 68, 71
伊豆・大島三原山噴火●32, 54, 92, 95, 104, 109, 121, 123, 151, 159
伊勢原断層帯地震●218
雲仙・普賢岳噴火●32, 54, 85, 121, 160, 182
エイヤフィヤトラヨークトル火山噴火●34
エルチチョン火山噴火●33, 54
沖縄トラフ●80, 82, 85, 174
荻原断層●224
確率論的地震動予測地図●15, 118, 203, 225
火山性地震●36
活断層●217, 222
活断層帯（活断層型）地震●36, 194, 222

【監修者プロフィール】

◎木村政昭（きむら・まさあき）

1940年、神奈川県生まれ。海洋地質・地震学者。東京大学大学院理学系研究科博士課程修了。通産省（現・経済産業省）工業技術院地質調査所、米コロンビア大学ラモント・ドハティ地球科学研究所、琉球大学理学部教授を経て、現在、同大学名誉教授（理学博士）。琉球列島の古地理復元、沖縄トラフ調査や海底遺跡研究にも携わる。1986年の伊豆大島・三原山噴火、1991年の雲仙普賢岳噴火を予測、1995年の兵庫県南部地震、2004年の新潟県中越地震、2011年の東日本大地震を事前に予測した調査・分析力は高い評価を得ている。1982年度朝日学術奨励賞、1986年度沖縄研究奨励賞受賞。著書に『噴火と大地震』（東京大学出版会）、『富士山の噴火は始まっている！』（宝島社）など多数。

【編著者プロフィール】

◎編集工房SUPER NOVA（へんしゅうこうぼう・スーパーノヴァ）

代表：長谷川隆義。宇宙論、火山と地震などの科学ジャンルを中心に執筆・編集活動を展開。手がけた書籍に『宇宙137 億年の歴史』（佐藤勝彦著、角川選書）、『宇宙「96％の謎」』（佐藤勝彦著、角川ソフィア文庫）、『2035年　火星地球化計画』（竹内薫著、同）、『なぜ起こる？巨大地震のメカニズム』（スーパーノヴァ編・木村政昭監修、技術評論社）、『ニュートリノと宇宙創生の謎』（スーパーノヴァ編・佐藤勝彦監修、実業之日本社）、『超巨大地震は連鎖する』（木村政昭著、角川学芸出版）など多数。

●装丁　中村友和（ROVARIS）
●本文DTP　寺田祐司

知りたい！サイエンス

検証！首都直下地震

—巨大地震は避けられない？最新想定と活断層—

2013年 3 月25日　初　版　第 1 刷発行

監修者　木村政昭
編著者　編集工房SUPER NOVA
発行者　片岡　巌
発行所　株式会社技術評論社
東京都新宿区市谷左内町21-13
電話　03-3513-6150　販売促進部
03-3267-2270　書籍編集部
印刷／製本　株式会社加藤文明社

定価はカバーに表示してあります。

ISBN978-4-7741-5484-8 C0044
Printed in Japan